천문학 탐구자들

차례
Contents

폴란드가 자랑하는 코페르니쿠스

　폴란드 하면 초등학교 국어교과서에도 나오는 애국소녀 마리(Marje Curie, 1867~1934)가 먼저 생각난다. 피에르 퀴리(Pierre Curie, 1859~1906)의 부인으로 그 어렵다는 노벨상을 두 번이나 탔던 사람이다. 또한 러시아어를 강요했던 당시 폴란드에서 학교 시찰을 나온 러시아 장학관을 기지를 살려 따돌렸다는 이야기, 그리고 언니를 위해서 자신의 유학을 늦추기도 했던 자매간의 우애가 떠오를 것이다. 그런데 폴란드가 자랑하는 또 한 사람의 세계적인 과학자가 있다. 그가 바로 중세를 지배하던 지구 중심의 천동설을 부정하고 태양 중심의 지동설을 주장한 코페르니쿠스(Nicolaus Copernicus, 1473~1543)다.

　코페르니쿠스는 1473년 2월 19일, 폴란드의 북부 비스툴라

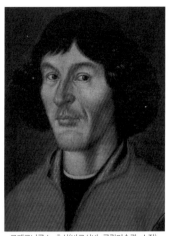

코페르니쿠스 초상(바르샤바 국립미술관 소장).

강변에 위치한 토룬(Torun)에서 유복한 상인이며 관리의 아들로 태어났다. 당시 토룬은 폴란드의 지배하에 있었으나 1466년 이전까지는 독일(정확히 이야기하면 프로이센)의 땅이었다. 그렇기에 이 도시 사람의 대부분은 독일인이었다. 코페르니쿠스의 할아버지는 독일에서 폴란드의 크라코프(Krakow)로 이주해 왔으며 어머니 또한 독일계였다. 그래서 독일과 폴란드는 코페르니쿠스가 서로 자기 나라 사람이라고 말싸움을 벌인 적도 있다.

폴란드의 주장은 코페르니쿠스가 폴란드에서 태어나 폴란드에서 성직을 승계했고 폴란드 국왕과 대화할 수 있는 지위에까지 올랐으며 그의 친척도 폴란드의 유력한 인사였음을 그 근거로 들고 있다. 반면에 독일은 그의 이름이 본래 라틴어가 아닌 니클라스트 코페르니크(Niklasd Koppernigk)로 이것은 폴란드식이 아니라 독일식이라는 것이다. 또 그가 통상 독일어로 말했음을 그 이유로 들고 있다.

한편, 1999년 교황 요한 바오로 2세는 자신이 태어난 폴란드를 방문했을 때 코페르니쿠스의 생가가 있는 토룬에 들렀었다. 여기서 교황은 "과학과 종교는 진실의 전파라는 공통의 사명을 가지고 있다"고 강조했다. 이어 교황은 코페르니쿠스 대학에서 "코페르니쿠스의 발견과 과학사에서 코페르니쿠스 이론의 중요성은 이성과 신앙 사이에 항상 존재하는 긴장감을 일깨워준다"고 했다.

교황의 국적이 중요하지 않듯이 코페르니쿠스의 국적 역시 중요한 문제는 아닐 것이다. 다만 '코페르니쿠스적인 전환'이 라는 말처럼, 그가 태양 중심의 우주체계를 주장하여 과학혁명에 도화선이 된 것은 분명한 역사적 사실이다.

10세에 아버지를 여읜 코페르니쿠스는 외삼촌인 루카스 바 쳴로데(Lucas Watzelrode)에 의해 양육되었다. 당시 바쳴로데 프라우엔부르크(Frauenburg, 일명 프롬보르크 Frombork)의 수사 신부였으며 나중에 에름란트(Ermland)의 주교가 되었던 사람이었다. 외삼촌은 코페르니쿠스를 교회 부설 학교에 보내 인문학적 소양을 쌓게 했다. 교회가 모든 권한을 갖고 있었던 상황을 고려한다면 코페르니쿠스의 환경은 괜찮은 편이었다.

18세가 되던 해인 1491년 코페르니쿠스는 당시 폴란드의 수도에 있던 크라코프 대학에 들어가 4년간 의학을 전공했다. 그러나 그는 단순히 의학만을 공부한 것이 아니라 수학이나 천문학에도 큰 관심을 가졌다. 그것은 코페르니쿠스가 대학에서 수학과 천문학에 많은 관심을 가졌던 브르줴프스키 (Brudzewski) 교수의 강의 덕분인지도 모른다. 브르줴프스키는 대학에서 독일의 포이르바하(Peurbach, 1423~1461)가 쓴 『새로운 행성의 이론 *Theoricae Novae Planetarum*』을 주석했고 이것을 학생들에게 강의하고 있었다.

그러나 중요한 사실은 코페르니쿠스가 공부한 천문학이 오늘날과 같은 천문학이 아니었다는 것이다. 코페르니쿠스는 천문학을 아리스토텔레스(Aristoteles, B.C. 384~322)나 프톨레마이오스(Ptolemaios, 85?~165?)의 우주체계를 이해하기 위한 수학적인 과정의 하나로 생각했었다. 코페르니쿠스의 서명이 남아 있는 천문학에 관계된 몇 권의 책이 그러한 사실을 말해준다. 예를 들면 1482년 베네치아판 라틴어본 유클리드(Euclid, B.C. 325?~265?)의 『기하학원본 *Elements*』, 1492년 베니치아판 라틴어본 『알퐁소 천문표 *Alfonsine Tables*』, 1490년 아우스부르크판 레기오몬타누스(Regiomontanus, 1436~1476)의 『구면천문표 *Tabulae Primi Mobilis*』 등이 있다.

공부를 마친 코페르니쿠스는 다시 외삼촌에게 돌아왔다. 외삼촌은 그에게 프라우엔부르크 성당의 살림살이를 관장하는 참사원이라는 성직을 주었다. 나중에는 이 직위에 대한 의무 복무 없이 급료를 받을 수 있었는데, 이러한 배려는 코페르니쿠스가 죽을 때까지 비교적 안정된 생활을 할 수 있는 토대가 되었다. 학문을 좋아했던 코페르니쿠스는 단순히 폴란드에 머물기를 꺼려했다. 그래서 그는 당시 학문의 중심이었던 이탈리아로 1495년부터 1505년까지 유학을 했다.

당시 이탈리아는 지금과 달리 여러 개의 작은 도시국가로 분리되어 있었다. 또한 문예부흥운동으로 여러 대학에서는 그리스의 고전이 많이 번역되어 읽을 수가 있었다. 이때 읽은 그리스의 고전은 훗날 그의 태양 중심 체계에 큰 토대가 되었다.

그는 볼로냐(Bologna) 대학, 파도바(Padova) 대학 등에서 신학·의학·법학·재정학·천문학·수학 등을 공부하고 페라라(Ferrara) 대학에서 교회법으로 학위를 받았다. 코페르니쿠스가 다른 유명한 대학을 제쳐두고 페라라 대학에서 학위를 딴 것은 대인관계나 교수를 대접하는 등 성가신 일들이 적었기 때문이라고 한다.

여러 분야를 두루 섭렵한 코페르니쿠스는 1506년 귀국 후 각 분야에서 두각을 나타냈다. 1512년 식중독으로 외삼촌이 갑작스럽게 사망하자 코페르니쿠스는 프라우엔부르크로 돌아와 성직을 승계했다. 이때부터 평소에 지대한 관심을 가졌던 천문학 분야에 관심을 가질 수 있었다. 그러나 그는 천문 관측을 직접 수행하기보다는 이론적인 탐색을 했던 천문학자였다. 실제로 그가 성당 옥상에 천문대를 만들고 관측한 결과를 그의 저술에 다룬 경우는 단지 58회에 불과했다.

1514년에 파울 주교는 코페르니쿠스에게 교회력 개력에 대한 조언을 구했다. 그러나 코페르니쿠스는 시원한 대답을 해줄 수 없었다. 왜냐하면 그는 1년의 정확한 길이라든지 그 밖의 중요한 천문학적 문제를 해결하지 못했기 때문이었다. 이런 역법 개량 문제는 그의 천문학적 관심을 다시 환기시키는 중요한 계기가 되었다.

1516년에 코페르니쿠스는 엘름란트의 회계담당 성직자로서 화폐 개혁을 주도하는 등 여러 방면에서 천재적인 재능을 발휘했다. 그러나 그의 주된 관심은 역시 새로운 우주체계로 향해 있었다.

1514년경 코페르니쿠스는 자신의 첫 번째 저서라 할 수 있는 『요약 *Commentariolus*』을 완성했다. 여기서 그는 태양은 우주의 중심이며 지구는 태양의 중심을 도는 한 개의 행성에 불과하다는 주장을 폈다. 그러나 이러한 혁명적인 생각에 사람들은 별 관심을 두지 않았다. 그 이유는 그런 터무니없는 생각을 믿기 어려웠기도 했지만, 그가 주장한 이론에 하등의 증명이나 실험이 없었기에 다른 천문학자들까지도 주목하지 않았기 때문이었다.

그렇다면 코페르니쿠스는 어떤 이유로 자기의 생각을 책으로 출판하지 않고 아는 사람들에게만 돌려 읽게 했을까? 흔히 우리는 그가 교회의 박해를 두려워했기 때문이라고 알고 있다. 그러나 그것은 정확한 사실이 아니다. 당시는 중세를 지배했던 지성의 암흑기를 어느 정도 벗어나 있던 르네상스 시대였다. 더욱이 교황과 아주 친한 카푸아(Capua)의 추기경 니콜라스 쇤베르크(Nikolas Scheonberg)는 오히려 코페르니쿠스의 체계를 인정하면서 그것을 출판하라고 편지를 쓴 일도 있었다.

그렇다면 이유는 무엇이었을까? 아마도 그의 성격 때문이었을 것이다. 그의 고민거리는 자기 학설이 논쟁의 대상이 되지 않을까 하는 것이었다. 그는 평화와 조용함을 좋아했으며 유명해지는 것보다 비웃음을 받는 것을 두려워했다. 유명한 『천구의 회전에 관하여 *De Revolutionibus Orbium Coelestium*』의 서문에서 코페르니쿠스는 "……그래서 이러한 것들을 고려한 결과, 저는 제 생각의 새로움이나 불합리성 때문에 받아야 할 경멸을 염려하여, 이미 착수했던 저서를 포기할 뻔 했습니다"라고 서술했다.

코페르니쿠스의 우주에 관한 혁명적인 학설을 세상에 처음 책으로 내놓게 된 것은 젊고 정열적인 제자 레티쿠스(Rheticus, 1514~1567) 덕분이었다. 그는 본명이 게오르그 요아힘(Georg Joachim)이었는데, 마녀로 낙인찍혀 화형당한 아버지 때문에 이름을 라틴어식으로 바꾸었다. 코페르니쿠스가 66살이었던 1539년 당시 비텐베르크(Wittenberg) 대학의 수학과 천문학 교수였던 레티쿠스는 코페르니쿠스 밑에서 새로운 천문학에 대한 많은 것을 사사받았다. 태양 중심 체계에 반한 그는 이 이론을 책으로 출판할 것을 권했다. 코페르니쿠스는 출판을 거절했다. 대신에 레티쿠스에게 그의 체계에 관한 개설서인 『첫 번째 보고서 *Narratio prima*』의 출판은 허락했다. 이 개설서는 앞서 돌린 『요약』과 달리 레티쿠스가 코페르니쿠스의 우주체계를 설명한 것으로 1540년 초 단치히(Danzig)에서 출판되어 학자나 성직자들에게 대단한 관심을 불러일으켰다. 이때는 교황청도 별 문제를 삼지 않았다. 이에 용기를 얻은 코페르니쿠스는 20여 년 전에 완성한 『천구의 회전에 관하여』를 출판하기로 마음먹었다. 그리고 이 작업을 자신의 제자격인 레티쿠스에게 전적으로 맡겼다.

레티쿠스는 개인사정으로 출판 작업을 끝까지 마무리할 수가 없었다. 그래서 그의 친구인 오지안더(Andreas Osiander, 1498~1552)에게 넘겨주었다. 레티쿠스가 오지안더에게 인쇄를 맡긴 이유는 그가 뉘른베르크(Nürnberg) 최고의 신학자였으며 코페르니쿠스와도 친교가 있었기 때문이었다. 그런데 이 루터파 신학자는 신의 계시만이 유일한 진리라고 믿었던 사람이었다. 그래서 오지안더는 코페르니쿠스의 체계를 자신의 신앙적 입장에 맞추기 위해 서문에 가필을 하기도 했다.

1543년 5월 24일, 코페르니쿠스는 자신의 저서를 병상에서 받아보았다. 그러나 그 책에는 뜻밖의 오지안더가 첨가한 서문이 있었다. 이 책의 내용이 완전히 가설이어서 그다지 진지하게 받아들일 필요가 없다는 내용이었다.

"과학이 가설을 설정할 때 동시에 우리가 그것을 믿을 필요는 없다. 그것은 다만 과학적인 계산의 기초가 된다는 의미밖에 없다. 따라서 가설은 진실인 것처럼 보일 필요조차도 없다. 그것은 다만 관찰에 적합한 계산을 가능하게 하는 것만으로 충분하다."

더구나 코페르니쿠스가 주장한 책의 내용에서, 금성이 근지점에 있을 때는 원지점에 있을 때보다 16배나 크게 보이는 궤도 위를 돈다고 주장하는데, 이것은 당시 경험으로 보아 터무니없다고 비판했다. 가장 큰 문제는 서문을 쓴 사람의 이름이나 서명이 없어 마치 코페르니쿠스 자신이 직접 쓴 것처럼 보인다는 점이었다.

코페르니쿠스는 이 책이 출간된 며칠 후에 바로 죽었다. 그래서 코페르니쿠스가 이 서문을 읽고 흥분하여 죽었다는 이야기도 전해온다. 사실의 여부를 떠나서 레티쿠스와 오지안더는 코페르니쿠스의 체계를 세상에 알리는 데 일익을 담당했다. 위대한 진리를 발견했지만 소심한 성격으로 발표를 꺼려했던 코페르니쿠스보다 차라리 그의 학설을 인정하고 출판을 적극적으로 권유했던 레티쿠스와 책을 출판한 오지안더야말로 과학혁명의 불씨를 당기는 데 큰 역할을 했다고 볼 수 있다.

코페르니쿠스와 프톨레마이오스의 우주

앞에서 우리는 코페르니쿠스가 지구 중심 체계를 부정하고 태양 중심의 새로운 우주체계를 주장하기까지의 대략적인 배경을 살펴보았다. 여기서는 그가 주장하는 학설의 내용이 어떤 것이었는지를 알아보기로 하자.

코페르니쿠스는 처음으로 태양 중심 우주체계를 주장했던 『요약』에서 다음과 같은 7가지 명제로 정리했다.

1. 천체나 천구에 단 하나의 중심만 있는 것이 아니다.

2. 지구 중심은 우주의 중심이 아니다. 단지 달의 궤도와 중력의 중심일 뿐이다.

3. 모든 행성은 그 궤도의 중심에 있는 태양의 둘레를 회전

한다. 그러므로 우주의 중심은 태양 근처가 된다.

4. 지구와 태양 사이의 거리는 항성천구(별들이 붙어 있는 천구로 당시는 이것이 실재한다고 생각했다)까지의 거리에 비해 눈에 띄지 않을 정도로 짧다.

5. 하늘이 운동하는 것처럼 보이는 것은 지구가 운동하기 때문에 나타나는 현상이다. 지구는 매일 그 축의 둘레를 완전히 일주한다(자전). 그러나 자전하는 동안 지구의 양극(북극과 남극)은 항상 같은 위치에 있다.

6. 우리의 눈에 보이는 태양의 연주운동은, 사실 태양 자체가 움직이는 것이 아니라 지구가 다른 행성들과 마찬가지로 태양을 둘러싸고 있는 궤도를 따라 움직이기 때문이다(공전). 그러므로 지구는 또 하나의 운동을 따르고 있다.

7. 행성운동에서 볼 수 있는 역행(행성은 보통 천구 위를 서쪽에서 동쪽으로 이동하는데 그와 반대의 방향으로 이동하는 것) 운동은 행성 자신의 운동이 아니라 지구가 움직이기에 그렇게 보이는 것이다. 그러므로 지구 자체의 운동은 다른 천체들에서 나타나는 특이 현상을 충분히 설명할 수 있다.

코페르니쿠스가 주장한 새로운 우주체계를 한마디로 요약하면 우주의 중심은 당시까지의 정설인 지구가 아니라 태양이며 지구는 자전과 공전운동을 한다는 것이었다. 그러면 코페르니쿠스의 태양 중심 우주체계와 당시의 기본 상식이었던 지구 중심의 우주체계를 비교해보자.

지구 중심의 우주체계는 2세기경의 프톨레마이오스에 의해

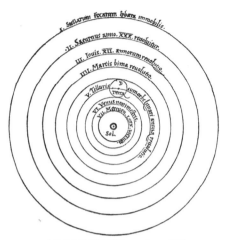

코페르니쿠스의 우주체계(Copernicus, 1543).

서 완성되었다. 이 체계는 아리스토텔레스의 과학과 중세의 신학이 결합되어 중세 전체를 지배한 세계관이었다. 이 우주 체계의 가장 큰 특징은 지구를 중심으로 모든 천체(달, 태양, 행성, 별 등)가 완전한 원운동을 한다는 점이다. 그렇다면 왜 완전한 원운동을 생각했을까?

그것은 그리스 이래 지극히 신비주의적 경향을 띠었던 피타고라스(Pythagoras, B.C. 569?~475?)와 그의 제자들의 영향을 받은 것이다. 그들은 원을 처음도 없고 끝도 없으며 중심으로부터 거리가 일정하기 때문에 가장 완벽한 도형으로 보았다. 그래서 아름답고 영원히 변화하지 않는다고 생각되는 천체는 이런 조화로운 원운동이 걸맞는다고 생각했었다.

프톨레마이오스의 우주체계.

원에 대한 이런 숭배사상은 사실 코페르니쿠스의 우주체계에서도 처음부터 끝까지 괴롭혔던 문제였으며, 코페르니쿠스 이론의 가장 큰 한계이기도 했다. 코페르니쿠스의 『천구의 회전에 관하여』의 제1권 제목만 보더라도 그가 원운동의 신봉자였음을 쉽게 알 수 있다. 즉, 1장의 제목은 '우주는 구형이다'이고, 제2장의 제목은 '지구도 역시 구형이다'이며, 제4장의 제목은 '천체의 운동은 규칙적이고 영원하며 원운동 또는 원운동의 조합이다' 등이다.

행성에 대한 원운동의 신념은 나중에 이야기할 케플러(Johannes Kepler, 1571~1630)가 타원으로 바꾸기까지 대부분의 학자들이 믿어왔던 생각이었다. 이는 케플러와 같은 시대의 갈릴레오(Galileo Galilei, 1564~1642)조차 관성의 법칙을 설명하면서 끝까지 원운동을 고집했음을 말해준다.

그럼 한번 원을 직접 그려보자. 컴퍼스가 없어도 좋다. 실한 가닥 준비한 다음, 한 끝에 연필을 잡고 또 한 끝을 손가락으로 눌러 중심으로 정하고 그려보자. 원이 도형 중에서 가장 완벽하다는 피타고라스의 주장을 실감할 수 있을 것이다.

한편, 원운동의 중심에 지구가 있다는 생각은 우리의 일상 경험에서 자연스럽게 나왔다. 한번 생각해 보자. 사실 우리는 지구가 스스로 하루에 한 번 돌며(자전), 태양의 둘레를 1년에 한 번씩 도는 것(공전)을 잘 알고 있다. 그러나 이것은 우리가 그렇게 느끼기보다는 어렸을 적부터 수없이 들어왔던 반복학습의 결과일 뿐이다. 오히려 우리는 하늘에 붙어 있는 해가 뜨고 지므로 밤낮이 생기며, 태양의 고도가 1년을 주기로 높아졌다(하지) 낮아졌다(동지) 하므로 사계절이 생기는 것처럼 느낀다.

만일 우리가 알고 있는 바와 같이 지구가 하루에 한 바퀴씩 돈다면 우리는 상당한 속도감을 느끼지 않을까? 이러한 질문은 지구가 자전하거나 공전하는 현상에 대한 소박한 반론이 될 수 있다. 예를 들어 지구의 자전만 고려하더라도 지구의 둘레가 약 40,000km이므로 적도에서는 한 시간에 $40,000 \div 24 = 1,666(km)$의 속도가 되며, 초속으로 환산하면 $1,666(km) \div 3,600(s) = 463(m/s)$이 된다. 이 속도는 음속보다 빠르다. 그러므로 지구가 우주의 중심이며 하늘이 지구를 중심으로 하루에 한 바퀴씩 돈다는 지구

중심의 우주체계는 옛날 사람들에게는 훨씬 자연스러운 생각
이었다. 그래서 대부분의 고대 그리스인들은 물론 중세 유럽인
들은 지구 중심의 우주체계를 믿고 있었다.

이와 같이 지구를 중심으로 모든 천체가 회전한다는 우주
체계는 이후에도 수많은 천체관측에 의해 지지되었으며, 약간
의 수정이 필요했지만 그런대로 천체의 운동을 설명할 수 있
었다. 또한 당시의 역법이나 천문표도 이것을 바탕으로 만들
어졌고, 그것이 당시의 일상생활에 충분한 도움을 주었다. 그
러므로 지구 중심의 우주체계는 고대와 중세를 거쳐 오랫동안
지속될 수 있었다.

그러나 지구 중심 체계를 주장한 사람들을 난처하게 만드

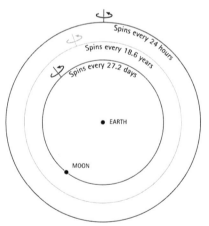

에우독소스의 동심천구론(M. Hoskin, 1997,
Cambridge illustrated history Astronomy, p.35).

는 문제가 나타났다. 그것은 다름 아닌 행성의 움직임이었다. 지구를 우주의 중심에 두고 모든 천체들이 원 궤도를 그리며 지구 주위를 돈다고 믿었던 이들에게 행성들이 앞으로 나아가다가(순행) 갑자기 멈춰 서는가 하면(유, 留) 다시 뒤로 후퇴하는(역행) 복잡한 운동은 설명하기 어려웠다.

이 문제를 해결하기 위해서 일찍이 에우독소스(Eudoxos, B.C. 408?~355?)는 원 27개의 조합을 도입했다. 그는 각 행성에 여러 개의 동심원을 겹치고, 각 구의 회전축과 회전속도를 적당히 짜맞추어 설명하고자 했던 것이다.

아폴로니우스(Appllonius, B.C. 262?~190?)는 주전원이라는 새로운 개념을 도입했다. 즉, 행성은 지구를 중심으로 커다란 원(대원) 주변을 공전하는 작은 원(소원) 둘레를 돈다는 것이다. 즉,

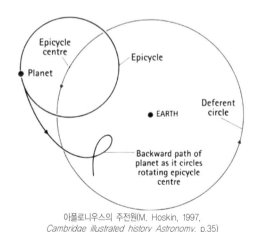

아폴로니우스의 주전원(M. Hoskin, 1997,
Cambridge illustrated history Astronomy, p.35)

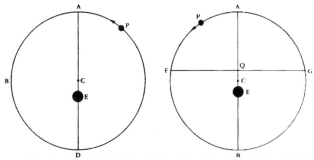

(가)는 이심을 (나)는 대심을 나타낸다. 행성 P가 원운동을 하지만 지구 E는 원의 중심인 C가 아니라 이심인 E에 있다. (나)에서 행성 P는 대심인 Q를 중심으로 등속운동을 한다. 프톨레마이오스 체계에서는 이러한 새로운 설명을 통해 행성의 부등운동을 설명하고자 했다.

그림에서와 같이 행성이 소원의 둘레를 돌고, 소원의 중심은 다시 대원의 둘레를 돈다면 행성의 움직임은 앞으로 가는 순행뿐만 아니라 반대 방향으로 가는 역행운동도 설명할 수 있다.

주전원을 가미한 지구 중심의 우주체계는 히파르코스(Hipparchos, B.C. 160?~125?)를 거쳐 프톨레마이오스에 의해 완성되었다.

이러한 지구 중심 우주체계가 중세를 거치는 동안 많은 관측 자료로 쌓여갔고, 다시 이를 설명하기 위해서 주전원과 같은 원이 필요했다. 또한 이심이나 대심이라는 새로운 개념을 도입해야 천체의 운동을 설명할 수 있었다. 결국 코페르니쿠스가 공부할 무렵에는 태양계 전체를 나타내는 데 무려 원 80여 개의 조합이 필요했다. 중세에 이르러서는 이렇듯 복잡하기 짝이 없는 우주체계가 생겨났던 것이다.

코페르니쿠스의 체계나 프톨레마이오스의 체계는 태양과 지구의 위치를 바꾼 것 이외에 다른 점이 거의 없다. 그럼에도 불구하고 코페르니쿠스의 우주체계는 보다 간단하게 하늘의 움직임을 설명할 수 있었다. 하나님께서 창조하신 우주가 이렇게 복잡한 구조일 리 없다고 확신한 코페르니쿠스는 지구와 태양의 위치를 바꿈으로써 48개의 원으로 하늘의 움직임을 충분히 설명할 수 있었다.

그러나 코페르니쿠스의 우주체계가 아무리 간단하다고 해도 다소 이해하기 어려운 문제가 있다. 그것은 프톨레마이오스의 우주체계가 우리의 경험과 일치하기 때문이다. 예를 들어 우리가 서 있는 땅이 움직인다는 것보다는 태양이나 별과 같은 천체들이 움직이는 것처럼 느껴진다. 또한 당시 프톨레마이오스의 우주체계로 천문을 이용한 항해나 실생활에 쓰이는 달력을 계산하고 만드는 데 아무런 불편이 없었다. 그럼에도 불구하고 어떻게 안정된 프톨레마이오스 체계에서 코페르니쿠스 체계로 변혁이 가능했느냐 하는 것은 상당히 이해하기 어려운 문제로 남는다.

코페르니쿠스의 태양 중심 우주체계에 사용한 논거는 전문적인 천문학적 지식과 수학적으로 아주 까다로운 방법을 이해해야만 했다. 그래서 일반인들은 프톨레마이오스의 안정된 지구 중심의 우주체계에 아주 만족하고 있었던 것이다. 만일 코페르니쿠스의 우주체계가 옳다면 시차(지구의 공전으로 말미암아 1년을 주기로 천구상 별의 위치가 달라지는데 이러한 차이의 반을 각도로 나타낸 것)가 발견되어야 하는데 당시의 과학 수준으로는 시차 측정이 불가능했다. 이 사실을 인정하려면 결국 별까지의 거리가 무한히 멀다고 가정해야 한다. 이것은 당시의 유한하고 진공이란 존재할 수 없는 정적이며 조화롭다는 우주관에 배치된다. 또 당시의 우주관은 완전하고 불변하는 천상계와 불완전하고 변하는 지상계 사이에 엄격한 구분이 있었다. 만일 지구가 자전한다면 왜 느끼지 못하는가와 물체를 던져 올리면 지구가 자전함에도 불구하고 제자리에 떨어지는가에 대한 대답을 할 수 없었기 때문이다.

당시 코페르니쿠스는 천문학 외적인 문제에 무관심했다. 그래서 일상적인 경험과 달랐던 코페르니쿠스의 체계는 별 관심을 끌지 못했다. 다만 그의 체계를 이용하면 천문학적 계산이 어느 정도 간단해지거나, 프톨레마이오스 체계 이후 처음으로 새로운 자료나 체계적인 이론을 사용했다는 데 의미 있다는 정도로 평가되었을 뿐이었다.

아무도 코페르니쿠스의 이론을 이단이라고 비방하거나 그를 처벌하자고 나서지 않았다. 오히려 가톨릭 쪽은 긍정적인 평가를 보냈다. 다만 신교의 지도자들이 태양 중심의 우주체계를 가볍게 비웃었을 뿐이다. 종교개혁의 선구자였던 마르틴 루터(M. Luther, 1483~1546)도 코페르니쿠스의 이론을 듣고, "멍청한 자가 천문학 전체를 뒤집어 놓으려 한다. 하지만 성서가 우리에게 가르치듯이, 여호와가 멎으라고 명령한 것은 태양에 대해서이지 지구가 아니다"라며 웃어 넘겼다고 한다.

괴짜 티코

인류 최고의 육안 관측 천문학자였던 티코 브라헤(Tycho Brache, 1546~1601)는 덴마크의 귀족 출신이다. 그는 행성운동에 관한 이전까지의 모든 관측 자료가 부정확하다는 것을 발견하고 집요하다 싶을 정도의 관측 활동을 통해 그것을 바로잡아 나가는 일에 평생을 바친 사람이다.

티코의 이런 업적은 코페르니쿠스의 이론에 직접적으로 기여한 바는 없지만 결과적으로 태양 중심의 우주체계를 옹호하는 데 큰 역할을 했다. 그것은 다음에 소개할 그의 조수 케플러를 통해서 가능했다. 그가 남긴 수많은 정확한 관측과 자료는 케플러에게 전해졌고, 그것이 태양 중심 우주체계를 완성하는데 크게 기여했기 때문이다.

티코 브라헤의 초상.

티코의 원래 세례명은 티게(Tyge)였지만 라틴어로 '복 있는 아이'라는 뜻인 티코(Tycho)로 바꾸었다. 그의 국적은 덴마크이지만, 현재의 스웨덴 남부의 작은 도시 스칸(Skaane)에서 1546년 12월 14일에 태어났다. 당시 스웨덴 남부 지역은 덴마크의 지배를 받고 있었다. 그는 쌍둥이로 태어났으나 쌍둥이 중 한 명이 일찍 죽었다. 그리고 한 살 때 자기의 큰아버지에게 강제로 유괴되어 양자가 되었다. 다행히 티코는 돈이 많은 백부 덕에 비교적 하고 싶은 것을 다 하면서 자랄 수 있었다.

1559년 13살의 나이에 그는 법학을 공부하기 위해 코펜하겐 대학에 들어갔다. 이듬해 8월 21일 그는 그의 일생을 바꾸어 놓은 일식을 보았다. 그가 크게 감명을 받은 것은 단순한 일식현상이 아니라 천문학자들이 일식현상을 예언했다는 사실에 있었다. 그는 '사람이 그렇게 정확히 별의 움직임을 알 수 있다는 것에 어떤 신성함'을 느낀 것이다. 그래서 티코는 알퐁스 천문표나 프로이센 천문표를 사서 행성의 운행을 연구했고 프톨레마이오스의 『알마게스트 *Almagest*』를 구해서 열심히 연구했다. 또한 수학과 교수를 찾아가 의심나는 문제를 묻는 등, 천문학으로 관심을 돌린 것이었다.

티코는 순수하게 천문현상에 관심이 많았던 것은 아니었다. 그는 당시의 많은 사람들과 마찬가지로 점성술의 가르침을 진심으로 믿었기에 더욱 열심히 천체를 연구했던 것이었다.

점성술에서 별은 중요한 역할을 하지 않는다. 왜냐하면 천구상에서 별은 움직이지 않기 때문이다. 즉, 시계로 말하면 시계판에 새겨진 숫자와 같은 것이 별이다. 이때 시계바늘의 역할을 하는 것이 있다. 움직이는 바늘, 그것이 바로 행성이다. 그렇기에 옛날부터 행성의 움직임은 많은 점성술사나 천문학자들의 관심의 대상이었다.

점성술에 따르면 각각의 행성은 고유의 영향력을 갖는다고 생각한다. 태양은 창조력과 통솔력, 달은 본능과 감수성, 수성은 통신, 금성은 동정심과 쾌락, 화성은 자기주장과 의지력, 목성은 열정과 발전, 토성은 규율과 책임을 뜻한다는 것이 그 예이다. 또 행성의 상호관계도 중요하다. 태양을 사이에 두고 행성이 정 반대에 있을 경우는 충돌이나 곤란한 상태를 나타내고, 행성이 겹쳐 있는 경우는 조화를 뜻한다고 믿어왔다. 사실 이러한 것들은 근거 없는 일이다. 그러나 당시 많은 천문학자나 점성술사는 이를 믿었으며 티코도 이를 믿는 열렬한 점성술사 중 하나였다. 뿐만 아니라 그는 연금술에도 지대한 관심이 있었다. 그래서 그는 연금술을 성공시켜 돈을 벌어 천문대를 세우고자 하는 계획을 세우기도 했다.

1572년 11월 11일 밤, 티코는 연금술 실험실에서 나와 항상 쳐다보던 하늘로 눈을 돌렸다. 그때 카시오페이아 자리에 이제까지 보지 못했던 별이 보였다. 티고는 이 별을 발견한 것을 계기로 이름을 떨치게 되었다. 이 별은 1572년에 나타나 1개월 후에는 목성의 빛만큼 밝아졌다. 다음 해 봄에는 1등성의 밝기였고 차츰 빛을 잃다가 1574년 3월에 완전히 어두워져 사라졌다.

　티코가 살던 당시에 별은 영구불변한 존재라는 그리스 시대부터의 믿음을 갖고 있었으므로 별이 새로 나타난다는 것은 있을 수 없는 일이었다. 그래서 대부분의 천문학자들은 이것을 혜성이라고 주장했다. 다만 그것이 정지된 것처럼 보이는 것은 혜성이 아주 천천히 움직이기 때문이라고 설명했다. 어떤 학자는 목성에 의해서 그 별에 불이 났기 때문이라는 엉뚱한 주장도 했다. 다만 매스틀린(M. Mastlin, 1550~1631)만 이것을 항성이라고 주장했을 뿐이었다. 티코는 이러한 주장들을 해명하기 위해 신성이 사라질 때까지 계속 관측했다.

　신성을 발견한 다음 해인 1573년에 티코는 자신의 관측 결과를 『신성에 관하여 *De Nova Stella*』라는 책으로 펴냈다. 여기에 실린 천문표는 순식간에 그의 이름을 유럽으로 퍼뜨려 그를 일약 전도가 촉망되는 천문학자로 만들었다.

　1577년 큰 혜성이 나타났다. 관측의 귀재인 티코는 이 혜성을 놓칠 리가 없었다. 그는 유럽의 두 도시(빈과 프라하)에서 혜성을 관측한 각도를 이용하여 시차를 구해 보았다. 그러나 시차는 나오지 않았다. 그러므로 티코는 아리스토텔레스의 주장처럼 혜성이 대기권 아래에서 나타나는 기상현상이 아니라 달보다 훨씬 먼 거리에 있는 천체라고 주장했다.

티코의 이름이 유럽에 널리 알려지게 된 것은 이러한 천체 관측의 결과 때문이었다. 그런데도 불구하고 그의 설명을 이해하고 납득한 사람은 드물었다. 그것은 하늘에 있는 것은 변하지 않는다는 당시의 상식에 어긋났기 때문이었다.

티코의 관측결과는 그 이전 어떤 것보다도 천문학의 지식에 많은 것을 보태주었다. 그가 행한 대부분의 관측은 현재 덴마크와 스웨덴의 남쪽 사이의 해협에 위치한 2천 에이커의 흐벤(Hven) 섬(당시는 덴마크 땅이었지만, 지금은 스웨덴에 속한다)에서 20년 동안 이루어졌다. 천문학에 관심이 많았던 프레데릭 2세(Frederick II)가 티코에게 이 섬의 모든 권한을 넘겨주었기 때문이었다. 토지와 세금을 부여받은 티코는 천문 관측에 전념할 수 있었다.

티코는 많은 돈을 들여 거대한 관측시설을 설치했다. 망원경이 발명되기 이전이었지만 뛰어난 제작기술을 동원하여 거대한 '거대사분의' '방위각사분의' '대형천구의' 등을 만들었다. 또한 자신의 타고난 시력을 바탕으로 천체를 정확하게 관측하기 시작했다. 그가 관측한 자료의 오차가 4분 정도에 불과하다는 사실은 그의 정밀성을 말해준다.

그는 이 시설을 우라니엔부르크(Uranienburg)라 명명했다. 이 말은 '하늘을 관장하는 우라니아 여신의 집'이라는 뜻이다.

QVADRANS MVRALIS
SIVE TICHONICVS.

티코의 거대사분의
(*Astronomiae instaurata
mechanica*, 1598).

섬 주민 모두가 천문학의 연구에 동원되었다. 기구를 제작하는 공장은 물론 화학실험실, 제지공장, 인쇄소, 물을 공급하는 풍차 및 펌프 장치 등의 모든 시설은 티코를 위한 것이었다.

　우라니엔부르크는 아주 편리하면서도 호화스런 물건과 장치가 많았다. 이러한 것들은 티코의 성품을 그대로 보여준다. 방안에는 포석정과 같이 물이 흘러가는 장치가 있었으며, 공기 튜브를 이용하여 소리를 전달하는 조각상도 있었다. 티코가 이 조각상에 요리를 주문하면 그 소리가 식당에서 일하는 사람들에게 직접 전달되었다. 티코는 이런 통신 장치를 어린 아이처럼 좋아했으며 이것을 이용해서 매일 먹고 싶은 음식을 주문해서 즐겼다고 한다.

티코는 관측 천문학자로서 모범을 보여주었으나 인간성은 빵점이었다. 로스톡(Rostock) 대학 학생 시절 누가 더 훌륭한 수학자인가에 대해 한 학생과 논쟁을 벌였다. 그는 이것을 해결하기 위해 1566년 12월 29일 밤 어둠 속에서 결투를 벌였다. 그 결과 티코의 코의 일부가 잘려 나갔다. 결국 금과 은의 합금으로 코를 만들어 넣어야 했었다. 그리고 그때 싸운 상대는 이후 절친한 친구가 되었다고 한다. 남아 있는 그의 초상화를 보면 금과 은으로 합금한 코의 모습을 상상해볼 수 있다.

그의 과대망상적인 생각은 우라니엔부르크의 서재에서도

티코의 천문대 우라니엔부르크.

잘 나타나고 있다. 서재에는 역사적으로 위대한 천문학자 여덟 명을 그린 벽화가 있었는데, 여덟 번째 사람을 자기 자신으로 그려놓은 것이 바로 그것이다. 심지어 티코는 농부의 아내를 침실로 이끌고 첩이 될 것을 강요하기도 했다. 이런 광기는 섬주민의 분노를 자아내기에 충분했다.

티코 사후에 케플러를 중심으로 많은 조수들이 티코의 관측 사실을 정리한 『새 천문학 서론 *Astronomia Instauratae Progymnasmatm*, 1602』을 출간했다. 이 책에서는 총 777개의 별이 기재되어 있는데, 천문표의 정확도를 다른 사람이 평가할 수 있도록 티코가 사용한 관측방법과 기구에 대한 도면이 상세하게 설명되어 있다. 티코의 천문표는 이전까지 사용되었던 프톨레마이오스의 고전적인 목록을 대체했다.

흐벤 섬에서 전문적으로 천문을 관측하기 이전에 티코는 신성과 혜성을 관측했었다. 그 결과 달 밖의 세계가 변하지 않는다는 아리스토텔레스와 프톨레마이오스의 우주체계에 수정을 가할 필요가 생겼다. 그럼에도 불구하고 티코는 지구가 우주의 중심이라는 신념을 포기하지 않았다. 만약 지구가 돈다면 지구가 도는 방향으로 쏜 포탄은 반대 방향으로 쏜 포탄보다 더 멀리 가야 하는데 사실은 그렇지 않았기 때문이라고 그는 주장했다. 또한 성경의 「여호수아서」에 '태양이 하늘에서 멈추었다고 분명히 말하고 있지 않은가'라는 구절을 근거로 들었다.

그러나 코페르니쿠스의 태양 중심 우주체계가 우주의 모양을 보다 잘 설명하고 있음을 알고 있던 티코는 코페르니쿠스의 체계를 무조건 부정할 수 없었다. 그래서 티코는 우주 가운데 고정된 지구를 놓고, 달과 태양과 항성천구가 지구 주위를 돌며 나머지 5행성들이 태양의 주위를 돈다는 절충적인 우주체계를 만들었다.

그가 만든 새로운 우주체계는 그의 관측만큼 훌륭하다고 평가할 수 없다. 당시 많은 천문학자들 중 어느 누구도 티코의 체계를 받아들이지 않았다. 다만 그의 절충적인 우주체계는 교황청의 승인을 얻었을 뿐이었다.

티코가 코페르니쿠스의 우주체계를 부정하기 위해 제시한

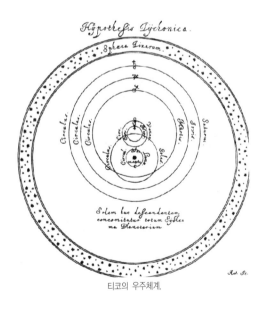

티코의 우주체계.

결정적인 증거는 별의 시차 문제였다. 시차란 관측상의 위치에 따라 물체의 보이는 방향에 차이가 생기는 것을 말한다. 즉 지구가 태양의 주위를 돈다고 하면, 지구에서 가까운 별을 관측했을 때 그 위치는 6개월을 간격으로 크게 달라진다. 불행히도 시차는 티코의 눈이 아무리 좋다 해도 관측할 수가 없었다. 왜냐하면 지구에서 가장 가까운 별은 센타우루스 알파(프록시마)인데, 이 별의 연주시차가 겨우 0.76초에 불과하기 때문이었다. 1초(″)는 1도(°)의 3,600분의 1에 불과하다. 결국 시차는 1838년에 이르러 망원경의 개량과 사진기술 덕택에 독일의 천문학자 베셀(F. Bessel, 1784~1846)에 의해 처음으로 측정되었다.

티코의 명성이 절정에 다다랐을 때 그에게 갑자기 불운이 닥쳤다. 그를 후원하던 프레데릭 2세가 세상을 떠난 것이었다. 티코는 다음 왕에게 공손하지 않았다. 뿐만 아니라 티코를 반대했던 많은 사람들이 들고 일어났다. 그들은 티코의 연구가 '유해한 호기심으로 가득 차 있다'고 혹평했다. 새 왕은 농민들로부터 진정이 빗발치자 티코에게 지급했던 연금을 중지해 버렸다.

티코는 덴마크 정부로부터 그와 같은 연구를 더 이상 할 필요가 없다는 통보를 하사했다. 결국 우라니엔부르크의 운명은 끝나고 말았다. 폭행의 위협까지 느낀 티코는 1597년 중요한 기구와 관측기록을 챙겨서 떠났다.

티코는 프라하로 가서 다른 황제인 루돌프 2세(Rudolf II)의 후원을 받았다. 황제는 티코에게 연간 3천 플로린의 연금과 왕립천문대장의 직위, 그리고 강이 내려다보이는 언덕 위에 있는 성을 하사했다. 그러나 위대한 관측자 티코의 천문학적 업적은 여기서 끝난다.

1601년 10월, 티코는 어느 귀족이 초대한 만찬에서 요의를 느꼈다. 체면을 중시한 그는 그것을 끝까지 참았다. 결국 이것이 원인이 되어 병이 생겼고, 그후 5일간 고열로 신음하다 죽고 말았다. 다행스러운 일은 그가 죽기 전에 독일의 우수한 청년 학자인 케플러를 만난 일이라 할까?

불운했던 케플러

케플러는 행성에 관한 3가지 법칙으로 우리의 귀에 익숙하다. 그러나 티코의 천문관측 자료가 없었다면 케플러는 점성술사나 신학자에 지나지 않았을지도 모른다.

케플러는 1571년 12월 27일, 독일의 작은 도시 바일(Weil)에서 태어났다. 그는 용병 장교였던 아버지와 술집 딸이었던 어머니 사이에서 몸이 약하고 못생긴 아이로 태어났다. 아버지는 전쟁터를 전전하다가 제대했고, 그후 빚보증을 잘못 서 교수형을 선고받았다. 간신히 처형을 면했으나 케플러가 17살 되던 해에 다시 군대에 나가 집을 떠난 후 소식이 끊겼다. 천문현상에 많은 관심을 가졌던 그의 어머니는 나중에 마녀로 오인되어 케플러를 곤란하게 만들기도 했다.

또한 케플러가 살던 시대의 독일은 가톨릭과 신교 사이에서 30년 동안 전쟁(1618~1648)이 벌어졌던 중심지였다. 당시 독일의 경제는 말할 것 없이 황폐되어 있었고 신교도였던 케플러는 종교적으로 심한 압박을 받았다.

요하네스 케플러(동판화).

케플러는 수도원학교에 들어갔지만, 그의 학교생활은 별로 즐겁지 않았다. 비록 성적은 우수했지만 왜소했고 고자질을 잘 할 뿐만 아니라 다른 일에 관심이 없는 책벌레였기에 급우들로부터 미움을 샀다.

케플러는 자신의 불운을 극복하고자 노력했다. 그래서 수학과 천문학에서 위로를 찾았다. 천문학과 점성술에 관심이 있었던 어머니는 케플러에게 1577년에 나타난 혜성(티코가 관측한 것)과 1580년에 일어난 월식을 설명해 주었다.

당시 귀족들은 신교의 성직자를 양성하기 위해 고등교육기관을 만들어 영리한 학생들을 뽑았다. 덕분에 케플러는 13살에 장학생으로 선발되어 신학교로 진학할 수 있었다. 그가 코페르니쿠스의 우주체계를 알게 된 것은 바로 이 시절이었다. 그러나 케플러는 천문학을 하나의 관심사로 여겼지 인생을 걸

만한 학문이라고 생각하지 않았다.

케플러는 17세에 튀빙겐(Tübingen) 대학에 입학했다. 여기서 케플러는 매스틀린을 만나 수학과 천문학을 배웠다. 매스틀린은 코페르니쿠스 우주체계의 신봉자로서 갈릴레오에게 태양 중심 체계를 전달했던 사람이었다. 20살에 대학을 졸업한 케플러는 성직을 갖기 위해 다시 4년 동안 신학을 공부했다.

그러나 그가 신학을 전공하려 했음에도 불구하고 천문학자로 방향을 바꾸는 운명적인 일이 일어났다. 그것은 오스트리아의 그라츠(Graz)에 있는 프로테스탄트 신학교의 이사가 튀빙겐 대학에 역산학자의 추천을 의뢰해왔기 때문이다. 매스틀린은 케플러를 천거했고 케플러는 쾌히 응했다. 그 바람에 그는 수학과 천문학을 다시 공부하게 되었다. 사실 케플러는 주로 단순한 계산을 하는 역산학자로 일생을 마치려 하지 않았다. 그러나 교사가 되는 것도 그리 나쁜 일이 아니라고 생각했다. 나중에 신학으로 되돌아가면 될 일이기 때문이었다.

1594년 케플러는 그라츠의 교사 겸 역산학자가 되었다. 그러나 별 수완이 없고 강의능력도 부족한 케플러는 교사로서 인기가 없었다. 담당 학생수가 아주 적었을 뿐만 아니라 다음 해에는 아예 한 명의 수강생도 없었다.

반면에 역산학자로서 케플러는 대단한 명성을 얻었다. 천문표를 편찬하면서 그는 별들이 의미하는 바를 설명할 필요가 있었는데, 이때 케플러는 당시 대한파와 터키의 침입을 예언했었다. 우연히 그것이 딱 들어맞자 그는 예언자라는 명예를 얻게 되었던 것이다. 이러한 사건이 당시 점성술에 관심이 많았던 황제 루돌프 2세에게 알려졌고, 이후 점성술은 그의 중요한 생계수단이 되었다. 나중에 마녀로 오인된 어머니를 구출하게 된 것도 그가 유명한 점성술사였기 때문이었다.

사실 케플러는 점성술을 믿지 않았다. 그가 가장 곤궁했던 시기였던 1617년에 친구한테 보낸 편지를 보면 알 수 있다. "나는 지불되어야 할 봉급을 한 푼도 받지 못했습니다. 행실 고약한 딸인 점성술이 빵을 벌어주지 않았다면, 어머니인 천문학은 굶주림을 면치 못했을 것입니다."

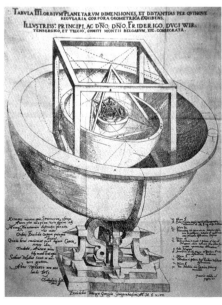

『우주의 신비』
(Tübingen, 1596).

케플러는 그라츠의 교사였던 1596년에 우주에 관한 최초의 저서인 『우주의 신비 *Mysterium Cosmographicum*』를 저술했다. 이 책은 순수한 의미의 과학책이라기보다는 다소 신비적인 요소가 가미된 저서였다. 케플러가 찾으려 했던 것은 태양에서 행성까지의 거리와 행성의 공전 속도 사이에 간단한 기하학적 관계를 구하고 그것을 증명하는 것이었다.

이러한 신비주의적인 생각은 케플러 전 생애를 통해서 극명하게 나타난다. 그는 코페르니쿠스의 우주체계를 기반으로 각 행성 궤도 사이의 수학적 조화를 탐구했다. 그 결과로 행성 궤도 사이에 5개의 정다면체가 들어갈 수 있음을 발견했다.

"지구의 궤도는 다른 모든 것의 기준이 되는 구면이다. 이 구면에 외접하는 정12면체를 그린다. 이것에 외접하는 구면이 화성의 궤도다. 화성의 구면에 외접한 정4면체를 그린다. 이 정4면체에 외접하는 구면이 목성의 궤도가 된다. 이 구면에 정6면체를 외접시킨다. 이 외접구면은 토성을 포함한다. 다시 지구의 구면에 내접하는 정20면체를 만든다. 이것에 내접하는 구면이 금성의 궤도가 된다. 이 구면에 다시 내접해서 정8면체를 그리면 그것이 수성의 구면이다."

왜 케플러는 여섯 개의 행성만 생각했을까? 물론 당시는 천왕성이나 해왕성 및 명왕성이 발견되지 않았던 때였기에 당연했을지도 모른다. 사실 케플러는 우주가 조화롭다고 믿고 있었다. 일찍이 플라톤이 발견한 6개의 정다면체가 우주체계에 꼭 들어맞았으므로 그는 6개의 행성으로 만족할 수 있었다. 즉, 수성부터 토성까지의 궤도를 구로써 나타낼 때 그 구는 각각의 정다면체에 내접한다는 사실을 발견한 것이다. 물론 이 정다면체는 플라톤이 발견한 대로 4, 6, 8, 12, 20면체만 가능하다. 여하튼 이러한 결과를 얻기까지는 상당한 관측과 추론이 필요했다.

일견 기발하고 신비하기까지 한 이 착상은 행성이 원운동을 한다는 가정에서만 가능하다. 따라서 당시 관측결과와 일치하지 않으므로 결국 실패로 끝날 수밖에 없었다.

케플러가 쓴 『우주의 신비』는 그의 스승인 매스틀린의 감독 아래 모교인 튀빙겐 대학에서 출판되었다. 이 책으로 그는 일약 유럽 학계에서 유명한 인사가 되었다. 케플러는 유럽의 유명한 천문학자들에게 책을 보냈다.

책을 받아 본 사람 중의 하나인 티코는 칭찬을 아끼지 않았다. 최근 20년 동안 엄밀한 관측을 수행했던 티코는 태양 중심의 우주체계를 믿지 않았다. 그렇기에 자기의 관측기록을 정리해 나름의 우주체계를 완성시킬 계산학자 겸 조수가 필요했다. 티코는 케플러에게 초청장을 보냈다.

케플러는 곧 티코에게 달려갔다. 왜냐하면 티코의 엄청난 자료가 탐이 났기도 했지만 신교도였던 케플러가 종교적인 문제로 그라츠에서 추방되었기 때문이었다. 티코가 있는 프라하로 간 해가 바로 1600년이다. 행성의 궤도가 원이 아니라 타원이라는 획기적인 전환은 이 두 사람의 만남에서부터 이루어졌다.

티코는 케플러의 재능을 시기한 나머지 방대한 자료를 보여주지 않았다. 그러나 두 사람은 만난 지 1년 만에 티코가 급사함으로써 케플러는 우여곡절 끝에 그렇게 갈망하던 티코의 자료를 손에 넣을 수 있었다.

재미있는 역사적 사실은 티코와 케플러 두 사람의 신분이나 배경 및 성격이 아주 딴판이었다는 것이다. 귀족 출신의 티코와는 달리 케플러는 가난한 사생아였다. 눈이 지극히 좋았던 티코에 비하여 케플러는 지독한 근시였다. 계산에 천재인 케플러와 달리 티코는 계산에 젬병이었다. 괴짜 성격을 가진 티코에 비하여 케플러는 비교적 온순한 성격의 소유자였다.

원에서 타원으로

　케플러 이전 사람들은 어느 누구도 천체의 운동은 원이며 한결같다는 생각에서 벗어나지 않았었다. 그러나 티코의 관측 자료를 얻어 탐구를 계속한 케플러는 원에 대한 믿음에 의문이 생기기 시작했다. 천체의 운동을 원으로 생각하는 체계로는 도저히 티코의 관측 자료에 나타난 행성의 운동이 정확하게 들어맞지 않았기 때문이었다. 그래서 그는 등속원운동이라는 생각을 버리고 다른 기하학적인 궤도를 찾았다.

　사실 코페르니쿠스도 행성이 완전한 원운동을 하지 않는다는 사실을 알고 있었다. 그래서 그는 행성의 궤도 중심에 태양이 있는 것이 아니라 그곳에서 조금 어긋나 있는 이심에 태양이 있다는 식으로 설명하려 했다. 또 작은 주전원(mini epicycle)

이라는 새로운 원을 가정하여 이 문제를 해결하려고 노력했었다. 그러나 이런 새로운 가정들은 코페르니쿠스 이론의 한계를 보여줄 뿐이었다.

케플러는 코페르니쿠스의 태양 중심 우주체계를 굳게 믿었다. 뿐만 아니라 티코의 관측 자료도 정확하다는 것을 알고 있었다. 그래서 그는 1609년 『새 천문학 *Astronomia Nova*』에 아래와 같이 서술했다.

> "하나님은 우리에게 가장 엄밀한 관측자인 티코 브라헤를 보내주셨다. 그의 관측과 프톨레마이오스의 계산을 비교한 결과 화성의 궤도에서 8분의 오차가 생겼다. 이러한 오차는 우리가 하나님의 은총을 감사하는 마음을 확인하고 하나님을 경외하는데 안성맞춤일 것이다. 우리는 천체운동의 진짜 모습을 발견하고 끝까지 이 오차를 극복하기 위해서 노력할 것이다.……설령 사람들이 이 8분의 오차를 무시한다 해도 나는 무시할 수 없었다. 단지 그 이유 때문에 이 8분의 오차는 완전한 천문학 개혁의 길잡이가 되었다. 따라서 이 책의 주요한 내용도 그것이다."(제2권 19장)

케플러는 코페르니쿠스가 제안한 작은 주전원을 이용해서 티코의 관측 결과에 맞추어 보려고 70번이나 계산했다. 이 계산은 무려 8년이나 걸린 지루한 노력이었다.

결론은 간단했다. 행성궤도가 원이라는 지금까지의 생각을 포기하든지, 아니면 티코의 관측 자료를 무시하면 된다. 그는 티코의 정확성을 알고 있었다. 그래서 과감히 원을 포기하고 먼저 계란 모양의 궤도를 생각해 보았다. 그러나 계란 모양의 행성궤도는 상식에 어긋나는 것이었다.

"따라서 명백히 다음과 같이 된다. 행성의 궤도는 원형이 아니고 양쪽을 향해 좁혔다가 이어서 다시 원의 폭으로 차츰 되돌아간다. 여하튼 이 궤도를 계란형(ovaiem)이라고 이름을 붙이자." (제3권 44장)

계란형 궤도도 실패로 끝났다. 오랫동안 연구한 결과 원형과 계란형의 중간 형태(iter planetae buccosum)를 생각해냈다. 그러나 이것도 실패하고 결국 타원으로 결정했다.

"타원의 방정식을 새로 계산한다는 것은 지금으로서는 적당치 않다. 나는 이 일 말고도 해야 할 공무가 많이 남아 있다. 나는 오차만으로도 흥분했었지만, 우연히 행성의 궤도를 타원으로 결정함으로써 당혹감에서 벗어날 수 있었다."

(제4권 5장)

티코의 관측 자료에 따르면 화성의 공전 속도는 일정치 않았다. 태양에 가까이 가면 화성의 속도는 빨라졌고 멀어지면 늦어졌다. 이 문제는 케플러를 계속해서 괴롭혔다. 어느 날 케플러는 천문표를 보고 있다가 갑자기 좋은 생각이 떠올랐다. 만일 행성을 긴 고무줄로 태양에 연결시킨다면 그 고무줄은 화성 궤도의 모든 영역을 쓸고 다닐 것이다. 화성이 태양에 가까이 갈 때 속도가 빨라지고 화성이 태양에서 멀어질 때 속도가 줄어든다면 이 고무줄이 쓸고 간 부채꼴의 면적은 같지 않을까?

이때에도 화성의 궤도를 확실하게 결정한 것은 아니었다. 대략 타원이라는 것을 알고 있었을 뿐이다. 다시 몇 달을 고민한 후 케플러는 궤도의 구부러진 정도와 두 개의 초점을 연결하는 방정식을 얻었다. 그러나 이 방정식은 그의 생각을 잘 나타내주지 못했다. 다시 케플러는 이 방정식을 버리고 단순한 타원의 식을 생각해냈다. 그것은 아주 정확하게 들어맞았다. 결국 여러 번의 계산을 거쳐 그는 자기의 방정식이 바로 타원임을 결정할 수 있었다.

행성이 원운동을 한다는 이전까지의 생각을 타원운동으로 바꾸자 그동안의 믿음이었던 천구가 깨졌다. 이제부터는 왜 행성이 태양을 중심으로 타원궤도를 도느냐에 대한 근본적인 원인을 규명할 필요가 생겼다. 이것을 해결하려는 노력의 결과 얻어진 것이 바로 면적속도 일정의 법칙(케플러 제2법칙)이다. 사실 이 법칙은 타원 궤도의 법칙보다 먼저 발견되었다.

케플러는 행성의 궤도에 대한 자신의 이론을 서술한 『새 천문학』을 갈릴레오에게 보냈다. 갈릴레오는 케플러의 첫 저서인 『우주의 신비』를 보고 코페르니쿠스의 우주체계를 믿고 있던 케플러에게 경의를 표했지만, 이 책만은 무시하고 말았다. 왜냐하면 갈릴레오는 죽을 때까지 천체의 원운동을 고집했기 때문이었다. 1632년에 저술하여 결국 자신을 종교재판으로 몰고갔던 『두 가지 우주체계에 관한 대화 *Dialogo dei massimi sistemidel mondo*』에서 갈릴레오는 달이 지구 둘레를 완전하게 원운동하고 있다고 주장했었다.

갈릴레오는 지상의 법칙에 대해서 훌륭한 법칙을 이끌어냈지만 하늘의 법칙에 대해서는 망원경으로 관찰만 했지 뚜렷하고 논리 정연한 법칙을 만들지 못했다. 반면에 케플러는 하늘의 법칙은 훌륭하게 완성했으나 지상의 법칙을 만들지 못했다고 평가할 수 있다.

『새 천문학』을 출판한 케플러는 또 다른 고민에 빠졌다. 그것은 "행성과 태양 사이의 거리에는 어떤 신비한 관계가 있지 않을까?"라는 것이었다. 10년이 지나서야 비로소 케플러는 이 문제를 해결할 수 있었다. 그는 태양으로부터 행성까지의 거리와 각 행성이 태양을 도는 데 걸리는 주기를 기록한 천문표를 보고 있다가 '조화의 법칙'을 발견한 것이었다. 태양에서 행성까지 평균거리의 세제곱과 행성 공전 주기의 제곱이 서로 비례한다는 것이다.

그는 "이것을 발견한 뒤 내가 느낀 기쁨은 말로써 표현할 수가 없었다. 그동안 많은 시간을 낭비했다고 후회하지 않으며, 그 노고에 대해서 싫증도 느끼지 않는다"고 술회했다.

뿐만 아니라 케플러는 "우주는 음악의 법칙을 따른다"는 신비주의적 생각에 몰입해 있었다. 청년기에 우주의 정다면체를 고려했듯이 우주의 중심에 태양이라는 지휘자가 있고 각 행성이 자기 고유의 화음을 내며 운행하는 조화로운 우주를 상정한 것이었다.

예를 들면 토성의 최대 각속도는 하루에 135초(각도의 단위)이며 최저 각속도는 106초다. 106 : 135의 비율은 대강 4 : 5가 된다. 피타고라스의 이론에 의하면 이것은 장 3도에 해당한다. 같은 방법으로 각 행성의 각속도를 측정해 보면 목성은 단 3도 화성은 5도로 나타난다. 지구가 내는 음악은 "미, 파, 미"로 이런 슬픈 화음 때문에 우리가 사는 지구에서는 불행과 기아가 연속된다고 그는 해석했다. 케플러는 1619년, 신비주의적 색채가 농후한 비과학적인 내용과 조화의 법칙을 합쳐서 『우주의 조화 Harmonice Mundi』를 출판했다.

케플러의 『새 천문학』이나 『우주의 조화』는 당시 학자들 사이에서 별 관심을 끌지 못했다. 일반인은 그 내용이 너무 전문적이서 별다른 관심을 보이지 않았다. 다만 나중에 케플러의 제3법칙(조화의 법칙)이 뉴턴의 만유인력법칙을 유도하는 데 중요한 열쇠가 되었을 뿐이다.

갈릴레오와 망원경

유리나 수정구로 글씨를 보면 크게 보이거나 휘어져서 보인다. 이러한 성질을 이용하여 크게 볼 수 있는 방법을 탐색했고 이러한 필요로 안경이 발명되었다. 안경에서 가장 중요한 것은 렌즈다.

네덜란드 사람들은 천성적으로 치밀했기에 유럽 제일의 안경제조업자가 되었다. 1590년경 안경 연마공이었던 얀센(Z. Jansen, 1588~1628 또는 1631)은 통에 볼록 렌즈 2개를 넣어서 보니 물건이 확대되어 보였다. 그러나 얀센은 확대된 상이 거꾸로 보이므로 자기의 발명이 가치가 없다고 생각했다. 다른 안경 제조업자인 리퍼라이(H. Lipperhey, ?~1619)는 눈 가까운 부분에 오목 렌즈를 넣었더니 제대로 된 상을 얻을 수 있었다.

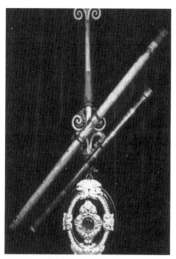

갈릴레오가 제작한 망원경.

1608년 그는 자신이 발명한 기계에 대해 30년간의 독점 제조권을 신청했다. 그러나 여러 안경 제조업자들이 서로 처음 발명했다고 주장했기 때문에 당국은 이를 허락하지 않았다.

1609년 파도바 대학의 수학 교수였던 갈릴레오는 이러한 소식을 듣고 곧 정교한 망원경을 만들었다. 그는 명석한 두뇌와 뛰어난 손재주 그리고 개인작업장까지 갖추고 있었기 때문에 별 불편 없이 훌륭한 망원경을 만들 수 있었다.

갈릴레오는 다음과 같은 기록을 남겼다.

"10개월 전에 어떤 네덜란드 사람이 멀리 있는 것을 가까이에 있는 것처럼 뚜렷이 볼 수 있는 기계를 발명했다는 소문을 들었다. 이 애기를 듣자마자 나는 어떻게 하면 그 기계를 제작할 수 있을까에 대해서 연구하기 시작했다. 나는 굴절 광학의 법칙을 이용하여 관의 양끝에 2개의 렌즈를 달면 될 것 같은 생각이 들었다. 하나는 평볼록 렌즈고 다른 하나는 평오목 렌즈였다. 오목 렌즈 쪽에 눈을 가까이 대자 물체가 대략 3배 가깝게, 그리고 9배 가량 크게 보였다. 나는 노력이나 비용을 아끼지 않았다. 마침내 육안보다 물체가 30배나 가깝고 1,000배나 크게 보이는 우수한 기계를 만들 수 있었다." (『별세계의 보고』, 1610)

갈릴레오는 이탈리아에서 최초로 망원경을 만들었다. 빈틈이 없고 사업 수완이 좋았던 그는 1,000다커트의 돈과 종신교수의 직위를 받고 베네치아 총통에게 망원경을 만들어 팔았다. 또 스페인 국왕에게, 다음에 네덜란드의 국가 원수에게 해군의 보조 기기로 팔려고 했다.

갈릴레오의 뛰어난 점은 이 망원경을 만들었다는 사실만이 아니다. 당시 사람들 대부분은 장난감이나 전쟁 기구로 망원경을 이용했음에도 불구하고 그는 이것을 가지고 하늘을 관측했다. 그리고 갈릴레오는 망원경을 통해 관측한 사실을 근거로 코페르니쿠스의 우주체계를 열렬히 지지했다.

갈릴레오는 달의 울퉁불퉁한 표면을 보고 놀랐다. 하늘에 떠있는 달과 지구는 같은 모습이었기 때문이었다. 당시 상식이었던 천상계와 지상계의 구분이 필요 없어진 것이다.

갈릴레오의 출간되지 않은 편지에는 다음의 내용이 있다.

"나는 놀라서 말을 할 수가 없었습니다. 이처럼 위대한 기적을 저로 하여금 발견하게 해주신 하나님께 끝없는 감사

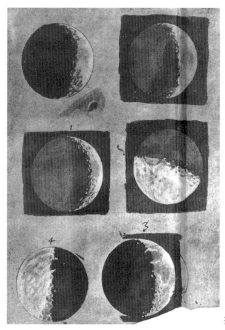

갈릴레오의 달 스케치.

를 드립니다. 저는 달이 지구와 비슷한 천체라는 것을 확신
할 수 있었습니다."

이 사실에 입각해서 갈릴레오는 천체가 그 전까지 믿어져
온 것처럼 완전무결한 것이 아니라고 생각하게 되었다. 또 육
안으로 볼 수 없었던 항성을 망원경을 통해 10배 이상 많이
볼 수 있었다. 그리고 은하수는 많은 별이 모여 있는 집단임을
알았다. 놀랄 만한 사실은 금성의 위상이 달처럼 변화한다는

사실이었다. 나아가서 태양에 흑점이 있으며 이것의 움직임을 통해서 태양도 자전하고 있음을 알아냈다.

갈릴레오가 망원경을 통해 발견한 사실 중 가장 놀란 것은 목성의 위성이었다. 1610년 1월 7일, 갈릴레오는 3개의 위성을 발견했다. 며칠 후 4개 모두를 확인했다. 그는 이후 몇 개월 동안 면밀하게 추적하여 이 4개의 위성이 목성의 주위를 공전함을 확인했다. 갈릴레오는 메디치 군주의 집안에 경의를 표하기 위해서 이 별의 이름을 '메디치의 별'이라 불렀다.

목성에 또 다른 작은 천체가 돈다는 사실로부터 태양이 지구보다 크다면 지구도 태양의 주위를 돌 수 있다는 결론을 얻을 수 있었다. 결국 갈릴레오는 망원경을 통해서 코페르니쿠스의 태양 중심 우주체계를 지지했다.

그러나 갈릴레오의 이러한 발견에 대해서 당시 많은 사람들은 무관심했거나 반대의 입장을 나타냈다. 갈릴레오가 케플러에게 보낸 편지 속에는 다음과 같은 기록이 있다.

"내가 피렌체 대학의 교수들에게 내 망원경으로 목성의 위성을 보여주려 했으나 어느 누구도 망원경을 보려하지 않았습니다. 그 사람들은 탐구해야 할 진리가 자연 속에 있는 것이 아니라 다만 원전의 비교와 조합 속에 있다고 믿기 때문입니다."

갈릴레오는 자신의 천문학에 관한 발견을 1610년에 28쪽에 불과한 작은 책으로 출판했다. 흔히『별세계의 보고 *Siderius Nuncius*』라고 알려진 이 책의 원제목은 다음과 같이 길다.

　『별세계의 보고. 커다란 실로 놀랄 만한 광경을 알리고, 모든 사람들, 특히 철학자나 천문학자들의 주목을 받기 위해, 피렌체의 귀족이며 파도바 대학의 수학 교수인 갈릴레오 갈릴레이가 최근 손수 제작한 망원경에 의해 달의 표면, 무수한 항성, 은하, 성운에 대해서, 특히 4개의 위성이 서로 다른 주기를 갖고, 놀랄 만한 속도로 목성의 주위를 회전하고 있다는 것, 이들 위성은 오늘날까지 누구에게도 알려져 있지 않으므로 저자가 최근 처음 발견하여, 메디치의 별이라 이름붙이기로 결정했음을 서술한다. 베네치아, 1610년, 토마스 발료네 서점』

피사의 사탑

갈릴레오는 1564년 2월 18일 미켈란젤로(B. Michelangelo, 1475~1564)가 죽었던 그 날에 피사(Pisa)에서 태어났다. 피사는 피렌체의 지배를 받는 자유도시 중 하나였다. 갈릴레오의 아버지 빈첸초(Vincenzo)는 몰락한 귀족으로 음악과 수학을 애호했던 인물이었다. 아버지의 영향을 이어 받은 갈릴레오는 여러 분야에서 재능을 보였다.

처음에 갈릴레오는 피사 대학에서 의학을 공부했다. 당시 의학은 돈벌이나 출세에 유망한 분야였기 때문이다. 그러나 기하학 강의를 들은 갈릴레오는 수학에 보다 많은 관심을 갖게 되었다. 그가 수학에 관심을 갖게 된 또 하나의 사건이 그가 18살이었을 때 일어났다. 피사 성당에 앉아서 우연히 천장을 보자 높이 매달린 샹들리에가 흔들리는 것이었다. 이것을 목격한 갈릴레오는 그것의 주기를 쟀다. 물론 시계가 없었던 탓에 그는 자신의 맥박을 이용했다. 심하게 흔들리든지 약하게 흔들리든지 간에 그 주기가 항상 같았던 결과에 갈릴레오는 관심을 갖기 시작했던 것이다(피사 성당의 샹들리에는 갈릴레오가 죽은 다음에 설치되었다는 주장도 있다).

그러나 갈릴레오의 아버지는 그가 수학을 공부하는 것을 허락하지 않았다. 그는 아버지의 반대에도 불구하고 대학에서 의학보다 수학 강의를 열심히 들었다. 그러던 중 그 대학의 수학 교수가 수학에 대한 갈릴레오의 열정을 전해 듣고 개인적으로 그를 지도했다고 한다.

갈릴레오는 21살에 학위를 취득하지 않은 채 대학을 떠나 집으로 돌아왔다. 아마도 아버지로부터 학비를 받지 못한 경제적인 이유가 컸을 것이다. 집에 돌아온 갈릴레오는 계속 수학을 공부하여 수력학(水力學)에 관한 논문을 썼다. 이 논문은 메디치(Medicci) 가(家)의 주목을 받았고, 메디치가의 페르디난도 2세(Ferdinando II)의 후원으로 25살에 피사 대학의 수학 교수가 될 수 있었다.

대학의 강단에 선 갈릴레오는 공공연히 아리스토텔레스의 이론에 대해 반대했다. 그는 매우 대담하게 자신의 이론을 아리스토텔레스의 권위보다 위에 두었다. "어떤 이론이 이성과 경험에 일치하면 그것이 많은 사람들의 견해와 모순되는 것은 그리 중요한 일이 아니다"라는 표현에서 그의 대담성을 읽을 수 있다. 이런 이유로 그는 피사에 오래 머무를 수 없었다. 피사의 사탑 실험이라는 일화도 그가 피사 대학에서 근무했기에 생긴 이야기다.

이 무렵 베네치아의 원로원이 갈릴레오를 파도바 대학으로 초청했다. 파도바 대학은 다른 대학과 달리 비교적 자유로운 분위기였기에 갈릴레오는 1592년 12월에 이 대학으로 옮겼다. 여기서 그는 계속해서 아리스토텔레스의 역학을 비판했다.

아리스토텔레스는 힘과 운동에 관해서 다음과 같이 정의했다. 운동하는 물체의 빠르기는 그것을 밀거나 잡아당기는 힘의 크기에 비례한다. 또 낙하운동도 본질적으로 지면에 끌리는 성질이 강한 무거운 물건일수록 빨리 떨어진다고 주장했다. 그는 『천계에 대하여 *De Caelo*』에서 다음과 같이 설명하고 있다.

"본래 운동하는 물체는 어떤 경우에도 큰 것이 빨리 움직인다. 불이나 흙의 덩어리는 크면 클수록 항상 자기 자신의 장소를 향해서 그만큼 빨리 운동한다."

갈릴레오는 무거운 물건일수록 빨리 떨어진다는 2000년 동안의 믿음에 의문을 제기했다. 만일 그것이 옳다면 무거운 물건과 가벼운 물건을 무게가 없는 끈으로 묶어 떨어뜨릴 때 어떻게 될 것인가? 무거운 물건은 상대적으로 빨리 떨어지려 하고 가벼운 물건은 상대적으로 천천히 떨어지려 하기 때문에 하나씩 따로 떨어뜨릴 때 중간속도로 떨어진다는 대답이 나올 수 있다. 또한 함께 묶었을 경우 무거운 물건보다 더 무겁기 때문에 더 빨리 떨어진다는 결론이 나와 앞의 대답에 모순된다. 이러한 사고실험(思考實驗)을 통해서 갈릴레오는 아리스토텔레스의 이론을 부정했다.

갈릴레오가 했던 사고실험은 오늘날 물리학자들이 주로 사용하는 방법이다. 이것은 실험실에서 하는 것이 아니라 상상 속에서 행해진다. 실험을 위한 유일한 조건은 단지 그것이 이미 알려진 물리학의 법칙에 어긋나지 말아야 한다는 것뿐이다.

한편, 갈릴레오는 피사의 사탑에 올라가서 실제로 낙하 시험을 한 결과 낙체의 법칙을 발견했다고 전해지고 있다. 그 일화의 요지는 다음과 같다.

1590년 어느 날 갈릴레오는 손에 두 개의 쇠공을 들고 7층이나 되는 피사의 사탑에 올라갔다. 그는 꼭대기 층의 복도로 나가 무게가 다른 두 개의 공을 동시에 떨어뜨렸다. 이 실험을 보기 위해 피사 대학의 교수와 학생을 포함한 많은 사람들이 모였다. 두 개의 쇠공을 동시에 떨어뜨렸을 때 모인 사람들은 서로 다른 쇠공이 동시에 떨어지는 것을 보고 놀라움에 소리를 질렀다. 그들은 옛날부터 믿어온 대로 무거운 공이 빨리 떨어질 것이라고 생각했었기 때문이다.

과연 이런 결과가 나올 수 있을까? 우리들 자신에게 물어보자. 만일 우리가 1kg의 쇠공과 10kg의 쇠공을 높은 데서 떨어뜨리면 어떤 결과가 나올까?

거의 대부분 같은 속도로 정확히 같이 떨어진다고 대답한다. 정확하게 교과서 식으로 대답한 예다. 반면에 질문을 어린 아이들에게 아무것도 가르치지 않은 채 물어본다면, 대개 아이들은 무거운 쇠공이 가벼운 쇠공보다 빨리 떨어진다고 대답한다. 재미있게도 이 답은 아리스토텔레스가 생각한 것과 같다. 무엇이 옳은 답일까?

DISCORSI
E
DIMOSTRAZIONI
MATEMATICHE,
intorno à due nuoue scienze
Attenenti alla
MECANICA & i MOVIMENTI LOCALI;
del Signor
GALILEO GALILEI LINCEO,
Filosofo e Matematico primario del Serenissimo
Grand Duca di Toscana.
Con una Appendice del centro di granità d'alcuni Solidi,

IN LEIDA,
Appresso gli Elsevirii. M. D. C. XXXVIII.

『두 가지 새 과학에 관한 논의와 수학적 논증』.

이미 6세기경 그리스의 철학자 필로포누스(J. Philoponus)는 아리스토텔레스의 낙체이론에 대해 의심을 품고 실제로 실험을 했다. 그 결과 그는 아리스토텔레스의 견해를 수용할 수 없다고 주장했다.

"만일 당신이 한쪽이 다른 쪽보다 몇 배 무거운 두 개의 추를 같은 높이에서 떨어뜨렸다면 당신은 운동이 요하는 시간의 비는 무게의 비와 상관없으며 그 시간의 차이가 지극히 작다는 것을 알게 될 것이다. 예를 들어 한쪽의 무게가 다른

쪽의 2배라면 무게의 차이가 분명함에도 불구하고 낙하시간
의 차이는 전혀 없거나 있다 해도 느낄 수 없을 정도다.”

필로포누스의 견해는 현실에서 실제로 일어나는 현상이다.
진공이 아닌 곳에서는 공기의 부력에 의해 무거운 것이 빨리
떨어지기 때문이다.

갈릴레오는 사실 이러한 현상을 그의 이론을 집대성한『두
가지 새 과학에 관한 논의와 수학적 논증 *Discorsi E Dimon-
strazioni Matematiche intorno a due nuove scienze*, 1638』에 다음과 같
이 기록해 놓고 있다.

　　“살비아티 : 아리스토텔레스는, 예를 들어 100큐빗(cubit,
　1큐빗은 사람의 팔꿈치에서 손끝까지의 길이로 약 45cm)의
　높이에서 두 개의 돌(이 중 하나는 다른 것보다 10배 무겁
　다)을 동시에 떨어뜨리면, 무거운 쪽이 지면에 도달했을 때
　가벼운 쪽은 10큐빗 정도만 떨어졌을 것이라고 했습니다. 그
　러나 나는 아리스토텔레스가 실제로 이만큼 속도의 차이가
　나는지 직접 실험해보지 않았을 것이라고 생각합니다.
　　심플리치오 : 그의 말을 그대로 해석해보면, ‘우리들은
　무거운 쪽이……라고 본다’라고 서술하고 있습니다. 그러므
　로 실험을 했을 것입니다. 즉 ‘본다’라는 표현이 있지 않습
　니까?
　　사그레도 : 그러나 심플리치오, 나는 실제로 실험해보고

다음과 같다는 것을 알 수 있었습니다. 즉, 70kg 정도 나가는 대포알과 불과 250g의 총알을 200큐빗의 높이에서 함께 떨어뜨리면 전자는 후자보다 기껏해야 한 뼘 이상 먼저 떨어지지 않는다는 것입니다."

심플리치오(Simplicio)는 아리스토텔레스를 옹호하는 학자이고 살비아티(Salviati)는 갈릴레오의 대변자다. 이 내용을 보면 갈릴레오는 무게가 다른 물체가 똑같이 떨어진다는 것이 아니라 두 쇠공의 낙하시간이 별 차이가 없다고 주장했을 뿐이다.

이 내용을 보고 나중에 갈릴레오의 전기를 쓴 갈릴레오의 제자 비비아니(V. Viviani, 1622~1703)가 200큐빗의 높이가 피사의 사탑과 비슷하다는 사실에 착안하여 재미있고 극적인 실험을 꾸며댄 것이 아닐까?

사실, 이와 비슷한 낙하실험을 갈릴레오보다 먼저 한 사람이 있었다. 그는 네덜란드의 물리학자이자 수학자인 스테핀(S. Stevin, 1548~1620)이었다. 스테핀은 축성 기술자로서도 명성이 높았다. 10진법의 가치를 높이 인정해 십진법의 사용을 주장하기도 했고, 고체 및 유체의 정역학에 많은 공헌을 했다. 그는 낙하실험을 한 다음 아래와 같은 보고서를 남겼다.

"아리스토텔레스에 대립하는 실험이란 다음과 같은 것이었다. 자연의 신비를 부지런히 탐구하는 박식한 드 그로트(J. de Groot, 1554~1640)와 나는 두 개의 납공을 준비했다.

한쪽은 다른 쪽보다 10배나 무거웠다. 아래에 나무판을 놓고 두 공을 약 10m의 높이에서 동시에 떨어뜨려 공이 나무판에 부딪히는 소리로 구별할 수 있게 했다. 그 결과 가벼운 공이라도 무거운 공보다 10배 빨리 떨어지지 않고 두 개의 소리가 연이어 들릴 정도로 거의 동시에 판위로 떨어지는 것을 알 수 있었다."

스테핀의 보고서도 필로포누스와 같은 결론이다. 그러나 스테핀은 아리스토텔레스의 주장이 틀렸다는 데 주안점을 두었을 뿐, 동시에 떨어진다는 것에 주목하지 않았다.

사실 갈릴레오가 무게에 관계없이 물체는 같은 시간에 떨어진다는 법칙을 얻은 것은 다음과 같은 실험을 했고 이것을 통한 추론의 결과였다.

그는 홈이 있는 부드러운 경사면을 만들고 그 위에서 공을 굴린 다음 물시계를 이용해서 공이 떨어지는 시간을 쟀다. 그리고 경사면의 각도를 조금씩 바꾸었다. 경사면의 각도가 직각일 때가 바로 낙하운동이 된다. 이 실험을 통해 공이 굴러간 거리는 물체의 무게(질량)에 관계없고 시간의 제곱에 비례한다는 것을 발견했다. 또 공의 속도는 시간에 비례하여 증가하는 것도 발견했다.

갈릴레오 사면 실험 이후에 실제로 자유낙하 실험을 통해 무게(질량)와 속도와 시간의 관계를 구한 사람이 있었다. 그들은 아이러니컬하게도 갈릴레오의 적들인 예수회 신부 리치올리(G. B. Riccioli, 1598~1671)와 그리말디(F. M. Grimaldi, 1618~1663)였다.

1640년 두 사람은 높은 탑에서 높이를 달리하여 공을 떨어뜨렸다. 정확한 실험을 위해서 한 사람은 탑 위에서 다른 한 사람은 탑 아래에서 낙하시간을 쟀다. 시간을 재는데 이용한 것은 1초에 6번 진동하는 진자였다. 그들의 실험 결과는 갈릴레오의 사면 실험 결과와 같이 자유낙하에서도 동일한 효과가 있음을 증명했다. 이 두 사람이 실험을 했던 동기는 사실 갈릴레오의 이론을 비판하기 위해서였다. 그러나 그들은 스스로의 패배를 인정할 수밖에 없었고, 그 결과를 갈릴레오의 지지자들에게 알려주었다고 한다.

이런 사실로 볼 때 갈릴레오가 한 피사의 사탑 실험은 허구임이 틀림없다. 필로포누스나 스테핀이 실험에서 얻은 결과도 동시에 떨어지는 것이 아니라 차이가 거의 없다는 것이었다. 이 실험은 갈릴레오보다 나중에 그리말다나 리치올리에 의해 실제로 실행되었을 뿐이다. 우리의 기억을 더듬으면 1969년 아폴로 11호가 달에 착륙했을 때, 달 표면에서 깃털과 쇠공을 떨어뜨려 동시에 월면에 닿는 장면이 생각날 것이다. 사실 이러한 낙체 실험은 완전히 같은 속도로 떨어지는, 공기가 거의 없는 곳에서만 가능하다.

갈릴레오와 교회

갈릴레오는 아리스토텔레스의 권위를 비웃었을 뿐만 아니라 코페르니쿠스의 우주체계를 열렬히 지지했다. 1597년 케플러가 바로 전 해에 저술한 『우주의 신비』를 받은 답례 편지 속에서 갈릴레오는 '자신도 여러 해 전부터 새로운 우주체계의 신봉자'라고 고백한 것이 그 증거다.

'진리를 탐구함에 있어서 이처럼 위대한 동맹자를 찾을 수 있었던 저는 얼마나 행복한지 모르겠습니다. 진실을 향해서 걸어가고 잘못된 철학적 사변을 던져버릴 용기가 있는 사람을 거의 찾아 볼 수 없습니다. 그러나 지금은 이런 현실을 탓할 때가 아닙니다. 선생의 위대한 연구에 성공을 기원

합니다. 저는 여러 해 전부터 코페르니쿠스의 신봉자였으므로 선생의 성공을 더욱더 바랍니다. 선생의 학설은 많은 현상의 원인을 해명해 주었습니다. 저는 일반 사람들의 견해를 깨뜨리기 위해 많은 근거를 수집했지만 그것을 세상에 발표할 용기가 부족합니다. 사실 선생과 같은 생각을 가진 사람들이 좀더 많다면 저는 감히 그것을 공표했을 것입니다."

갈릴레오가 조심스런 자세를 취한 이유는 분명히 있었다. 이 편지를 쓰고 1년 후, 그는 코페르니쿠스의 우주체계를 열렬히 옹호했고 자기의 주장을 끝까지 주장했던 브루노(G. Bruno, 1584~1600)가 종교재판에 회부되어 결국 화형을 당했던 시기였기 때문이다.

1604년 또 신성이 나타났다. 갈릴레오는 케플러와 같은 근거를 바탕으로 이 새 별은 달 아래의 세계를 넘어 별 사이에서 일어나는 것이라고 주장했다. 이러한 주장은 당시 스콜라 철학자들에게 비난을 받았다. 왜냐하면 스콜라 철학자들은 아리스토텔레스가 주장하듯이 하늘은 불변이며, 변하는 현상은 달 아래 세계인 지상계에서만 일어난다고 믿었기 때문이었다.

특히 1609년 망원경을 통해 하늘을 관찰한 다음의 갈릴레오의 주장은 파격적인 것이었다. 그것은 일반인 누구에게나 아주 쉽게 긍정할 수 있는 근거를 제시했기 때문이었다.

그의 의견에 대한 적의는 날로 고조되었고 마침내 가톨릭 교회까지 움직이게 되었다. 특히 예수회 신부들은 이에 격분

했다. 그들 뒤에는 호전적인 추기경 벨라르미노(R. Bellarmino, 1542~1621)가 있었다. 벨라르미노는 16년 전 브루노를 화형에 처할 때 관계했던 인물이다. 그는 "코페르니쿠스의 우주체계는 진위를 떠나서 재미있는 가설로 제시할 경우에는 아무런 이의가 없다. 그러나 그것을 진실이라고 생각한다면 그 사람에게는 그것을 증명할 책임이 있다"고 주장했던 사람이었다. 1616년 마침내 종교재판소 위원회는 갈릴레오에게 다음과 같은 판결을 내렸다.

"태양이 세계의 중심에서 정지해 있다는 주장은 허위이며 조리에 맞지 않고, 성서에 어긋난 이단이다. 지구가 세계의 중심이 아니라 움직이며 스스로 돈다는 주장도 철학적으로 거짓이고 조리에 맞지 않으며, 적어도 신학적으로 잘못이다."

갈릴레오는 교황 바오로 5세와 벨라르미노 추기경 앞에서 앞으로는 이러한 학설을 글로 나타내거나 가르치지 않기로 서약했다. 그의 저서는 금서목록에 올랐으며 1835년까지 금서목록에서 풀리지 않았다.

이때 갈릴레오는 파도바 대학에서 피렌체로 와 있었다. 피렌체의 새로운 군주가 갈릴레오의 제자였기 때문이었다. 갈릴레오는 새 군주에게 피렌체를 위해 일할 것을 부탁했고 군주는 이를 허락했다. 이때부터 갈릴레오는 강의 부담 없이 과학

활동에만 전념할 수 있는 좋은 자리를 얻었다. 그후 10년 동안 아무런 방해 없이 조용히 자신의 이론을 정립해 나갔다.

갈릴레오는 코페르니쿠스의 우주체계가 옳다는 주장을 계속하지 않았다. 그러나 코페르니쿠스를 반대하는 논리에 대해서는 반론을 제기했다. 우회적인 공격에 나선 것이다. 예를 들면 지구가 무겁기 때문에 우주의 중심이어야 한다는 당시의 아리스토텔레스의 상식에 대해서, 갈릴레오는 무거움과 가벼움은 상대적인 개념이며 따라서 지구와 태양 중 어느 것이 더 무거운지 알 수 없다고 반박했다.

1623년에 교황이 사망하자 바르베리니(M. Barberini, 1568~1644)가 새 교황 우루바누스 8세(Urubanus VIII)로 선출되었다. 이듬해 갈릴레오는 새 교황에게 경의를 표하기 위해 로마로 갔다. 교황은 1616년의 심판 때 갈릴레오를 옹호했던 사람이었으며 학문을 좋아하는 인물이었다. 교황은 갈릴레오에게 호의를 보였다. 그러나 코페르니쿠스의 우주체계에 대해서는 양보하지 않았다.

갈릴레오는 교황으로부터 프톨레마이오스의 우주체계와 코페르니쿠스의 우주체계를 비교하는 대화체의 책을 쓰는 것을 허락받으려 했다. 교황은 코페르니쿠스의 체계를 지지해서는 안 되며 설사 소개하더라도 사실이 아닌 가설로 분명히 해야 한다는 조건을 붙여 이를 허가했다.

당시 교황의 생각은 1616년의 금지령을 폐기하는 것이 아니었다. 다만 교회가 무작정 코페르니쿠스의 우주체계를 부정하는 것이 아니라 과학적이고 철학적인 근거를 가지고 금지한다는 사실을 보여주기 위해서, 한편으로는 순수하게 이론적이고 논리적인 우주체계를 알기 위해서 이를 허락했던 것이었다. 그러나 갈릴레오는 오해를 했다. 즉, 그는 코페르니쿠스체계에 대해서 마음대로 지지해도 되는 것으로 착각하여 마음놓고 설명할 수 있다고 생각했다.

갈릴레오는 1624년부터 집필하기 시작해서 1630년에 완성한 『두 우주체계에 관한 대화 *Dialogo dei Massimi Sistemi del Mondo*』를 1632년에야 겨우 출판할 수 있었다.

그는 이 책에서 두 가지 우주체계가 모두 가설이라고 가정하면서 오직 하나님만이 알 수 있다는 표현을 써서 교황청의 검열을 무사히 통과했다.

이 책 역시 코페르니쿠스의 우주체계에 관해 지지자 살비아티, 그 반대자 심플리치오, 중립적인 사회자 사그레도(Sagredo)라는 세 사람이 서로 대화하는 형식을 취했다. 이 책은 어디까지나 가설이고 반

『두 우주체계의 관한 대화』 표지.

대자에게도 유리한 논거를 부기한다는 조건 하에 인쇄가 허용
되었지만, 그 내용을 자세히 살펴보면 살비아티가 논쟁에서
이기는 것으로 서술되었다. 결국 갈릴레오는 교황이 부기한
조건을 파기한 결과가 됐다.

갈릴레오가 쓴 책은 당시 연극으로도 공연되었다. 이 연극
은 대단한 인기를 끌었으며 아울러 책도 많이 팔렸다. 교회 당
국은 비록 갈릴레오가 법을 어기지 않았으나 가톨릭의 권위를
침해했다고 생각했다. 더욱이 갈릴레오를 난처하게 만든 것은
교황 우르바누스 8세가 책 속에 나오는 어리석은 심플리치오
로 조작되었다는 소문이 퍼진 것이다.

이 소문의 근원지는 예수회 신부인 샤이너(C. C. Scheiner.

갈릴레오의 종교재판 상상도
(1633).
J. Meadows(1987).
The Great Scientist, OUP.

1575~1650)였다. 그는 1612년에 태양 흑점을 발견하고 갈릴레오에게 편지를 보냈는데, 이때 갈릴레오가 샤이너의 발견을 무시했기 때문에 좋지 않은 감정을 가졌었다.

종교재판소는 1633년 6월 22일, 갈릴레오를 소환하여 참회복을 입힌 다음 이단적인 주장을 취소하고 앞으로는 영원히 교회의 교리에 따를 것을 명령했다. 그는 브루노의 화형을 생각했을 것이다. 또 당시 나이(69세)를 고려하여 재판소의 명령에 순순히 따랐다.

> "저, 갈릴레오, 고 빈첸초 갈릴레이의 아들, 피렌체 출신, 당년 70세는……전세계의 그리스도 교국의 종교재판소장님 앞에 꿇어 엎드려 복음 선서에 손을 얹고서, 성 가톨릭과 교황 성하의 로마 교회가 지지하고 선교해온 모든 것을 저는 언제나 믿어 왔으며, 현재도 믿고 있으며, 신의 도움으로 앞으로도 믿을 것을 서약합니다.……이 선서의 문서 한 구절 한 구절을 되새겨 외우고 나서 제 자신의 손으로 서명했습니다."

그때 그는 "그래도 지구는 돌고 있다(Eppur si mouve)"라는 유명한 말을 남겼다고 한다. 그러나 이 말은 사실이 아닐 것이다. 고문의 협박과 갖은 압력 속에서 겨우 풀려난 늙은 갈릴레오가 그런 말을 할 수 있었겠는가? 아마 그는 마음속으로 그렇게 중얼거렸을지 모른다.

갈릴레오에 대한 종교 탄압은 단순히 과학과 종교의 싸움이 아니었다. 오히려 당시 교황이 처했던 정치적 입장에 상당한 영향을 받았다. 교황은 당시 개신교에 대해 성경에 오염을 가했다고 강하게 비판했으며, 더 이상 교회의 신학적 배경에 타격받는 것을 원치 않았기 때문이었다. 또한 교황 개인의 입장, 즉 그는 철학자로서의 자부심을 어느 정도 갖고 있었는데 이것이 갈릴레오에 의해서 우롱당했다는 사실을 안 순간 대단히 격노했던 것이다. 여기에 갈릴레오의 낙천적인 생각도 가세했다. 갈릴레오는 옳다는 사실은 합리적으로 증명하면 누구나 믿을 것이라고 단순하게 생각했었다. 또한 진리를 합리적으로 내세우는 것은 신을 모욕하는 것이 아니라 오히려 신이 창조한 우주원리를, 즉 신의 영예를 드높이는 것이라 생각했던 것이다.

이처럼 갈릴레오와 교회의 충돌은 갈릴레오와 교회 당국을 포함한 관련자 개개인의 독특한 개성과 교회를 둘러싼 정치적 상황이 뒤얽힌 여러 측면을 가진 복잡한 사건이었다.

교회의 탄압에도 불구하고 역시 지구는 우주의 중심이 아니다. 그렇지만 350여 년이 지난 1980년 10월에야 로마 교황은 공식적으로 갈릴레오의 명예를 회복시켜 주었다. 예전에 갈릴레오에 대해서 내린 판결이 불공정했음을 인정하고 갈릴레오의 죄명을 벗겨준다고 선포한 것이다.

갈릴레오는 사형을 선고 받았다. 죄명은 코페르니쿠스 우주체계를 지지해서가 아니라, 그 체계를 논해서는 안 된다는 교회의 명령을 어긴 것이었다. 그러나 곧이어 무기로 감형되었고, 이틀 후에 피렌체에서 가까운 어느 시골의 별장으로 주거가 제한되었다. 갈릴레오는 피렌체로 옮겨줄 것을 간절히 요청했으나 이는 그가 눈이 먼 다음에야 비로소 허락되었다.

갈릴레오는 심한 안질로 시력을 잃어가면서도 저작활동을 중지하지 않았다. 이번에는 하늘의 별들에 대해서가 아니라 지상의 물체의 운동에 관한 새로운 과학을 쓰는 일이었다. 1636년, 그의 나이 73세 때 원고를 완성했다. 물론 출판은 허락되지 않았다. 이 원고는 프랑스 대사를 통해 보다 자유로운 분위기였던 네덜란드로 보내져 인쇄되었다. 이 책이 1638년에 발간된 『두 가지 새 과학에 관한 논의와 수학적 논증』이다.

갈릴레오는 완전히 장님이 되었다. 그는 자신에 대해서 다음과 같은 글을 남겼다.

"슬프다.……갈릴레오, 너의 헌신적인 친구요 하인은 완전히 불치의 장님이 된 지 벌써 한 달이 되었다. 내 탁월한 관찰과 명석한 논증을 통해 나를 앞선 모든 시대의 학자들이 보편적으로 받아들였던 한계를 백 배, 아니 천 배나 넘어 확대시켜 놓은 이 하늘, 이 지구, 이 우주가 이제는 나의 육체적 감각으로 채워지는 좁은 영역 안에 움츠러들고 말았구나."

1642년 근대 역학의 완성자 갈릴레오는 세상을 떠났다. 갈릴레오에 대한 박해로 말미암아 지중해에서 과학의 발전은 더 이상 기대하기 어려웠다. 그가 죽던 해 영국의 한 지방에서는 과학혁명을 완성할 아기 뉴턴이 태어났다.

사과와 뉴턴

　사과, 특히 떨어지는 사과를 보면 뉴턴이 생각날 것이다. 떨어지는 사과를 보고 그 유명한 만유인력의 법칙을 만들었다는 이야기 때문이다. 이 법칙으로 우리는 지구가 어떻게 태양의 둘레를 돌며, 무거운 물체나 가벼운 물체가 어떻게 같은 시간에 떨어지는가에 대해서 설명할 수 있다. 과연 뉴턴은 떨어지는 사과를 보고 갑자기 만유인력법칙을 생각해 냈을까?

　이것은 과학사에 있어서 또 하나의 잘못 알려진 꾸며낸 이야기일 뿐이다. 만일 이것이 사실이라면 과학 법칙은 우연한 사건만 기다리면 발견된다는 엉뚱한 결론이 나올 수 있다. 이런 일화는 극적일 수는 있어도 과학자 개인의 피나는 노력을 무시하는 결과를 초래한다.

뉴턴은 1642년 크리스마스에 태어났다. 이 해는 근대 역학의 창시자 갈릴레오가 사망했던 해이기에 많은 전기작가들이 '갈릴레오가 죽자 뉴턴이 태어났다'는 식의 은유를 사용하기도 한다. 그러나 당시 영국은 오늘날 사용하는 그레고리력으로 개력하지 않은 채 이전의 달력인 율리우스력을 사용하고 있었다. 당시 이탈리아에서 사용했던 그레고리력으로 따지면 뉴턴이 태어난 날짜는 1643년 1월 4일이 된다. 중요한 문제는 아니지만 같은 해가 아닌 셈이다.

뉴턴의 아버지는 거칠고 무식한 사람으로 알려져 있다. 37살에야 겨우 이웃 농가의 딸과 결혼했지만, 몇 달 후에 병으로 죽었다. 죽기 전에 유언장에는 자기 이름조차 적지 못하고 'X'라고 표기했다. X는 흔히 글을 모르는 사람이 서명을 대신하는 표기법이었다. 뉴턴의 아버지 이름은 아들과 똑같은 아이작이었다.

뉴턴의 어머니는 남편의 사망으로 낙심했고 결국 뉴턴을 조산했다. 태어날 당시 뉴턴의 몸은 몹시 작아 1쿼트(약 1.14리터)들이 우유 컵에 쏙 들어갔다고 한다. 아기 뉴턴은 목을 가누지 못해 생후 몇 달 동안 부목으로 고개를 바쳐줘야 했다. 다행히 어머니의 헌신적인 보살핌으로 건강하게 자랐다. 뉴턴이 어머니에게 품었던 병적인 애착은 아마도 아기 시절의 관계에서 생겼을지도 모른다.

일찍 과부가 된 뉴턴의 어머니 한나(Hannah)는 뉴턴이 3살 때 근처에 살던 목사 스미스(B. Smith)와 재혼했다. 외할머니

밑에서 혼자 자란 뉴턴은 침울하고 말수가 적은 소년이었다. 학교에 다닐 때는 아이들과 잘 어울리지 못하고 혼자 생각에 잠기는 일이 많았다고 한다. 온순하고 내성적인 소년 뉴턴을 그대로 놔두었다면 아버지의 유산을 지키는 얌전한 농사꾼으로 일생을 마쳤을 것이다.

그의 운명이 바뀌게 된 것은 아버지 쪽 친척들의 권유와 격려 덕분이었다. 당시 그의 계급은 소지주(gentry)로 장차 신흥 소시민적 지식 계급으로 상승하려고 노력했던 친척들이, 어린 뉴턴이 마을 학교에서 비교적 성적이 좋다는 것을 알고 원조를 아끼지 않았던 것이다. 그래서 장차 의사나 목사로 키워 가문을 빛내보려고 한 것이다.

뉴턴은 근처의 그랜섬(Grantham) 학교로 진학했다. 거기서도 그는 고독한 생활을 즐겼다. 뉴턴은 독학을 좋아했으며, 신기한 것을 모으는 수집가였고, 렌즈 등을 잘 연마하는 제작자의 소질도 키웠다.

뉴턴의 초상 (Godfrey Kneller, 1702).

소년 시절의 뉴턴은 장난꾸러기이기도 했다. 그는 연날리기를 좋아했는데 어느 날 밤에 초롱을 매단 연을 날려놓고 시치미를 떼며 혜성이 나타났다고 소문을 퍼뜨렸다고 한다. 당시 혜성의 출현은 징조가 나쁜 전조로서 충분히 사람들을 놀라게 하는 이변이었다.

3살 때 어린 뉴턴을 외할머니에게 맡기고 재혼한 어머니는 10년 후 다시 남편과 사별하고 고향으로 돌아왔다. 울즈소프(Woolsthorpe)에 돌아온 어머니는 뉴턴의 재능을 인정하지 않았다. 그랜섬 학교도 그만두게 하고 농사일을 돕게 했을 정도였다. 효자였던 뉴턴은 어머니의 말에 순종해서 아무 말 없이 농사일을 도왔다. 뉴턴이 다시 학교에 복학하고 케임브리지 대학으로 진학할 수 있었던 것은 일찍이 뉴턴의 능력을 지켜보았던 그랜섬 학교의 교장과 외삼촌이 끊임없이 뉴턴의 어머니를 설득했기 때문이었다.

어머니에 대한 뉴턴의 무조건적인 순종은 케임브리지 대학 교수 시절에도 마찬가지였다. 뉴턴은 교수 시절에도 종종 어머니의 농장에 내려와 농사일을 거들었다. 또 어머니가 임종할 시에는 밤을 새워 간호했다. 어머니에 대한 극진한 생각이 어쩌면 그를 평생 독신으로 있게 했는지 모른다.

그가 일생을 통틀어서 애정을 가졌던 여성은 어머니 그리고 어머니와 의붓아버지 사이에서 태어난 여동생의 딸(즉, 생질녀)인 캐서린(Catherine, 나중에 콘듀이트 Conduitt 부인이 됨)과 그랜섬 학교 당시 하숙집 양녀였던 스토러(Storer) 정도였다고 한다. 뉴턴은 스토러와 약혼까지 할 뻔 했었다. 그러나 뉴턴의 미래가 별로 전망이 밝지 않다고 생각했던 스토러의 양부 클라크(Clark)는 두 사람의 약혼을 반대했다. 이후 뉴턴은 평생을 독신으로 지냈다.

케임브리지 대학, 트리니티 칼리지(Trinity College) 학생 시절 그는 심부름을 하면서 학비를 보조받는 급비장학생(subsizar) 신분이었다. 농사꾼이 되어 아버지의 유산을 지켜주기를 바랐던 어머니가 충분한 학비를 제공하지 않았기 때문이었다. 소년 시절과 마찬가지로 뉴턴은 여전히 기계 만지기를 좋아했고 가끔 자기 생각에 몰두하는 별나고 고립된 학생이었다. 18살의 뉴턴은 유클리드(Euclid, B.C. 259년경)의 『기하학원본』조차 이해하지 못했다고 한다. 그대로 학생 시절을 보냈더라면 뛰어난 렌즈 제작자가 되었을지도 모른다.

1664년에는 페스트가 유행하여 많은 사람들이 영국의 케임브리지를 떠났다. 이 페스트는 당시 런던 인구의 10%를 죽게 했던 무서운 병이었다. 케임브리지 대학도 휴교령을 내렸다. 잠시면 끝날 줄 알았던 휴교는 무려 18개월 동안이나 계속되었다. 뉴턴도 고향인 울즈소프로 돌아갔다. 훗날 그는 귀향을 젊은 날에 있었던 가장 운 좋은 사건으로 회고했다. 즉, 그에게는 창조를 위한 휴가였던 셈이었다.

"내가 완성한 연구는 모두 페스트가 퍼지고 있던 1655년부터 1666년까지의 2년 동안에 이루어진 것이다. 이때만큼 수학과 철학에 마음을 두고 중요한 발견을 한 적이 없었다."

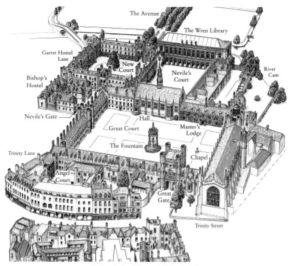

케임브리지 대학 트리니티 칼리지.

이때 그가 가장 몰두한 연구 중 하나는 달이나 행성이 어떻게 원(또는 타원) 궤도로 움직이는가 하는 것이었다. 그렇기에 사과나무 아래 앉아 명상에 잠겨있을 때 사과가 떨어지는 순간 만유인력법칙을 깨달았다는 일화도 생겨난 것이었다.

사과나무 이야기는 어떻게 알려지게 되었을까? 1726년 4월 15일, 런던에 살고 있던 뉴턴의 집에서 대화를 나누었던 의사 스터클리(W. Stukeley, 1687~1765)는 당시 뉴턴과의 대화를 기록해 두었다. 이 내용은 『뉴턴 경의 생애에 대한 회고 *Memoirs of Sir Isaac Newton's Life by William Stukeley*』라는 제목으로 210년이 지난 1936년에 출판되었는데, 여기에 사과에 대한 서술이 남아있다.

"그 날은 따뜻한 날이었다. 우리는 정원으로 나가 사과나무 그늘 아래서 뉴턴과 단 둘이서 차를 마셨다. 그때 마침 사과 한 개가 떨어졌다. 그것을 보고 뉴턴은 내게 바로 만유인력이라는 생각이 처음 떠오른 때와 똑같다고 말하였다. 그는 왜 사과가 밑으로만 떨어질까? 왜 옆으로 떨어지거나 위로 올라가지 않고 항상 지구 중심을 향하여 밑으로만 떨어질까? 이러한 질문을 자문했었다고 했다."

뉴턴의 사과 이야기는 뉴턴을 열렬하게 추종했던 프랑스의 계몽사상가 볼테르(F. M. A. Voltaire, 1694~1778)에 의해서 널리 전파되었다. 그는 뉴턴의 생질녀인 콘듀이트(Conduitt) 부인에게 들었다며 자신의 『철학적 편지들 *Lettres Philosophiques*』에 다음과 같이 기록하고 있다.

"뉴턴은 전염병 때문에 케임브리지 근처 시골에 숨어 있었다. 어느 날 뜰을 거닐고 있을 때 사과가 나무에서 떨어지는 것을 보았다. 그는 저 유명한 만유인력에 대해 깊은 명상에 빠졌다. 그 원인에 대해 많은 과학자들이 연구했지만 그 원인은 그때까지 밝혀지지 않고 있었다."

18세기 말 울즈소프의 뜰에 있는 사과나무 중 하나에 '사과가 떨어진 나무'라는 표지가 붙었다. 1820년경 이 나무는 썩어서 베어졌고 그 일부는 의자로 만들어져 지금까지 보관되고 있다. 다만 울즈소프 과수원에서 가지 친 묘목으로 기른 사과나무를 뉴턴과 관계된 세계의 여러 기관에 심어 놓았다. 우리나라 표준과학연구원 정원에도 영국에서 직접 가져온 묘목으로 키운 사과나무가 자라고 있다.

이상의 내용으로 볼 때 뉴턴과 사과는 어느 정도 연관이 있는 것이 분명하다. 다만 사과가 뉴턴의 머리를 때리자 갑자기 만유인력법칙이 튀어나왔다는 식의 전설이 허구라는 이야기다. 뉴턴은 사과가 땅으로 떨어지는 것과 달이 지구 주위를 도는 것은 같은 현상으로 연관지어 생각했을 것이고, 그러한 탐구 결과 만유인력에 대한 착상이 나왔을 것이다.

더 나아가 뉴턴은 인력을 지배하는 법칙까지 도출했다. 케플러의 법칙은 행성의 운동을 정확하게 기술할 수 있었지만 그것은 관측 자료를 바탕으로 한 경험 법칙이었을 뿐 행성이 왜 그렇게 운동하는가를 설명할 수 없었다. 그러나 뉴턴은 거리의 제곱에 반비례하고, 질량의

핼리의 초상(Thomas Murray, 1687).

곱에 비례한다는 만유인력의 법칙과 운동에 관한 3가지 법칙 (가속도의 법칙, 관성의 법칙, 작용 반작용의 법칙)을 이용하여 행성의 운동을 완벽하게 설명할 수 있었다.

그가 20대에 발견한 만유인력의 법칙을 세상에 공표한 것은 20여 년이 지난 다음이었다. 그 이유는 불분명하지만, 아마도 빛의 성질에 대한 훅(Robert Hooke, 1635~1703)과의 격렬한 논쟁이 있은 다음부터 다른 사람과의 언쟁을 피하고 싶어 했기 때문일지도 모른다.

1684년 어느 날, 핼리(E. Halley, 1656~1742)가 뉴턴을 찾아왔다. 뉴턴의 추종자였던 핼리의 방문은 만유인력의 법칙을 세상에 공표하는 계기가 되었다.

핼리는 뛰어난 천문 관측자로서 일찍이 20살에 남대서양의 외딴 섬인 세인트 헬레나(St. Helena)에 가서 남반구에서 볼 수 있는 별목록을 만들었다. 만년에는 세계 일주를 한 다음 지자기 방위각 지도를 만들었던 사람이기도 했다. 이러한 업적은 영국을 세계 제일의 해양제국으로 만드는 데 일조했다.

핼리는 뉴턴에게 다음과 같은 질문을 했다. "선생님, 만약 거리의 제곱에 반비례하는 힘을 받고 움직이는 물체가 있다면 그것은 어떤 궤적을 그리게 됩니까?" 뉴턴은 즉시 대답했다. "그것은 타원이지요." "왜 그럴까요?" "그야 내가 전에 계산했던 적이 있는데……" 그러나 뉴턴은 계산한 종이를 찾을 수 없었다.

사실 핼리가 뉴턴을 찾아 왔던 이유는 다른 데 있었다.

1684년 1월 핼리와 건축가 렌(C. Wren, 1632~1723), 혹 세 사람은 행성 사이에 작용하는 힘에 관해 논쟁을 벌였다. 이때 핼리는 그 힘이 거리의 제곱에 반비례할 것이라고 주장했다. 혹도 이미 그런 결론에 도달했으며 수학적으로 증명한 바 있다고 주장했다. 이에 렌이 그것을 먼저 증명하는 사람에게 40실링을 주겠다고 현상을 걸었다. 그러나 혹은 그 해 8월이 다가도록 그것을 수학적으로 증명하지 못했다. 이런 이유로 핼리가 뉴턴의 자문을 얻으러 온 것이었다.

혹과 달리 뉴턴은 허풍을 떨 사람이 아니라는 것을 핼리는 잘 알고 있었다. 그래서 그는 왕립학회(Royal Society)에서 뉴턴이 수학적 증명을 보내주겠다고 약속했음을 공표했다. 회의장은 흥분의 도가니가 되었다. 그 증명이 도착하면 왕립학회의 비용으로 그 내용을 책으로 출판하자고 결의했다. 재미있는 사실은 당시 뉴턴의 관심이 과학에 있었던 것이 아니라 연금술이었다는 것이다. 그러나 그는 핼리와의 약속을 이행하기 위해 수학적인 증명에 몰입할 수밖에 없었다.

핼리의 방문이 있은 지 불과 1년 후에 『자연철학의 수학적 원리 Philosophiae Naturalis Principia Mathematica』(보통, 줄여서 『프린키피아 Principia』라고 부름)가 완성되었다. 핼리는 시종 뉴턴을 격려했다. 뿐만 아니라 출판을 약속했던 왕립학회의 재정 상태가 나빠지자 자신의 사재를 털어 1687년에 이 책을 출판했다. 나중에 핼리는 『프린키피아』를 이용해서 혜성의 주기를 예언할 수 있었다.

『프린키피아』는 뉴턴이 창조적 휴가 때 창안한 미적분학을 이용해서 해결했지만, 여기에 실린 주된 논증은 유클리드 기하학의 방법을 이용했다. 그 까닭은 미적분의 발견 때문에 벌어진 라이프니츠(G. W. Leibniz, 1646~1716)와의 다툼을 고려했기 때문이었다.

이 책은 인류의 가장 위대한 지적 유산이라고 평가된다. 비록 케플러도 행성운동의 일반 법칙을 해명했지만, 뉴턴은 간단한 수식으로 더 간단하고 치밀하며 우주의 어떤 작은 문제조차도 설명할 수 있었기 때문이다.

근대 과학을 완성한 최후의 마술사

뉴턴은 케임브리지 대학생 시절에 본의 아니게 떠난 창조적 휴가에서 3가지의 중요한 발견을 했다. 그 중 하나는 앞에서 이야기한 만유인력의 법칙이다. 또 다른 것은 빛의 성질에 관한 설명이고, 또 하나는 미적분법의 발견이었다.

뉴턴은 대학 시절 기계 만지기를 좋아했던 평범한 학생이었다. 그러나 그를 모교의 교수 자리까지 오르게 했던 것은 그의 스승이고 그와 이름이 같은 아이작 배로(Isaac Barrow, 1630~1677)의 배려 덕분이었다. 배로는 뉴턴이 대학생 시절인 1663년 케임브리지 대학에 루카스 수학 강좌가 신설되자 초대교수로 부임해 왔다. 고전 수학자로 출발한 배로는 자기보다 12살 아래인 뉴턴에게 후의를 베풀었다. 덕분에 뉴턴은 1664년에

정식으로 학사학위를 받았고, 1667년에 케임브리지 대학, 트리니티 칼리지의 마이너 펠로우(Minor Fellow)에, 반년 후에 메이저 펠로우(Major Fellow)가 되었고 이어 당시 최고 학위인 석사를 얻었다.

1669년 39살인 배로는 불과 26살의 어린 뉴턴에게 교수의 자리를 물려주고 오랜 꿈이었던 성직으로 옮겼다. 뉴턴이 배로와 만난 인연과 이어진 창조적 휴가는 뉴턴의 발견에 큰 밑천이 되었던 것이다.

대학 시절 뉴턴은 갈릴레오처럼 망원경의 개량에 힘을 쏟았다. 당시 유행한 굴절망원경은 색수차나 구면수차 때문에 상이 찌그러지거나 흐릿하게 보였기 때문이었다. 그래서 뉴턴은 볼록 렌즈 대신 오목거울을 사용하는 방법을 생각해냈다. 사실 오목 렌즈를 사용하면 색수차를 없앨 수 있다는 생각은 페스트가 유행하기 2년 전에 스코틀랜드의 수학자 그레고리(J. Gregory, 1638~1675)가 먼저 생각한 것이었다. 그 원리는 빛이 금속의 표면에 반사할 경우 유리를 통과할 때 생기는 수차(收差)가 나타나지 않는 것에 있었다.

1671년 뉴턴은 장인적 재능을 살려 훌륭한 반사망원경을 만들어 국왕 찰스 2세(Charles II)에게 기증했다. 찰스 2세는 아주 기뻐했다. 답례로 뉴턴을 왕립학회의 회원으로 추천했다. 무명이었던 뉴턴은 5인치 정도에 불과했던 망원경 덕에 일약 유명한 과학자가 되었다.

왕립학회는 1660년에 찰스 2세에게 헌장을 얻어 결성된 최

뉴턴의 반사 망원경.

초의 전문적인 과학 분야의 학회였다. 당시 28살이었던 천재 건축가 렌의 강연을 듣기 위해 모인 학자들이 일주일에 1실링씩 기금을 모아서 운영하기로 결의하고 국왕에게 헌장을 부여받은 것이 그 모임의 시초였다. 학회의 재정은 회원의 돈으로만 운영되었을 뿐 국가 차원의 지원이 없었다. 회원으로는 귀족뿐만 아니라 낮은 신분 출신도 있었다. 예를 들어 혹은 신분은 낮았지만 왕립학회 전속 실험관리관으로 학회에 제출된 모든 연구를 검증하는 막강한 직위에 올라 있었다. 독일 출신의 올덴버그(H. Oldenberg, 1626~1678)는 당시 학회장이었다.

1672년 29살의 뉴턴은 「빛과 색깔에 대한 새 이론 *a new theory of light and colours*」이라는 제목의 논문을 처음으로 왕립학

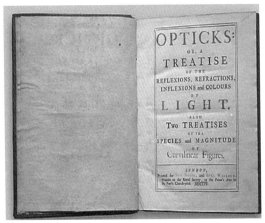

뉴턴의
『광학』 표지.

회에 발표했다. 그러자 곧 훅이 강하게 비판하였다. 뉴턴이 발표한 내용은 이미 자신이 생각했던 것을 그대로 도용한 것에 불과하다는 것이 훅의 주장이었다. 그의 격렬한 비판은 뉴턴의 마음에 커다란 상처를 남겼다. 결국 뉴턴은 비판을 싫어했고, 이후 발표를 극도로 꺼리는 폐쇄적인 성격으로 변했다. 뉴턴은 빛에 대한 이론을 이미 대학생 시절에 완성했지만 『광학 Optiks』이라는 책으로 출판되기까지는 훅의 죽음을 기다려야만 했다. 훅이 사망한 다음 해인 1704년이 되어서야 겨우 책으로 나왔다는 사실이 그것을 말해준다.

1673년 훅이 자신을 강하게 비판하자 뉴턴은 올덴버그에게 자신을 학회에서 제명시켜달라고 요구했다. 그러나 그의 희망은 받아들여지지 않았고 오히려 회비 면제라는 특권이 부여됐다.

당시 뉴턴은 자연에 대한 연구에 환멸을 느꼈을지도 모른다. 그런 이유 때문인지 그는 자연철학자에서 법학자로 전향하기 위해 케임브리지의 민법 강좌를 담당하는 법학 펠로우(Law Fellow)에 입후보했지만 떨어졌다.

이 무렵 뉴턴은 공연히 화를 잘 내며 강의 도중 엉뚱하게도 지리학을 강의하는 등 괴상하고 당돌한 행위를 보였다. 그렇지만 뉴턴은 대수와 기하학 강의를 계속했다. 지루한 강의 때문에 수강생이 한 명도 없었던 경우도 있었다. 이때에도 뉴턴은 텅 빈 강의실에서 혼자 열심히 강의하는 괴팍한 모습을 보였다고 한다.

스위프트(J. Swift, 1667~1745)는 1726년에 저술한 『걸리버 여행기 Gulliver's Travels』에서 뉴턴을 비꼬았다. 책 속에 등장하는 한 사람이 시종 깊은 명상에 잠겨 있다. 만일 옆에 있는 사람이 가끔 몽둥이로 그 멍청이를 때려 바깥 세계에 대한 관심을 환기시키지 않으면 그는 말도 못하고 다른 사람의 이야기에 귀도 기울이지 못한다. 이 바보가 바로 뉴턴을 풍자한 것이었다.

우리는 뉴턴을 평생 과학 연구에만 몸 받쳐온 과학자로 알고 있다. 그러나 그가 1687년 『프린키피아』가 완성되기 이전 몇 년 동안과 창조적 휴가 시절을 빼고 주로 성서학이나 연금술에 몰두했다는 사실을 알면 다소 충격적일 것이다. 그는 죽음을 앞두고 수백 쪽이 넘는 방대한 연금술에 관한 자료를 남겼다. 이 중 가장 유명한 것이『인덱스 케미쿠스 *Index Chemicus*』라는 제목의 문서인데, 모두 뉴턴이 직접 쓴 것이다. 여기에는 큰 제목만 879개이며, 분량이 총 100쪽을 넘는다. 이 기록은 1666년부터 1700년까지 서술한 것으로 보이는데 뉴턴은 처음부터 출간할 생각이 없었다.

실제로 뉴턴은 수학보다 연금술을 더 좋아했다. 그는 너무 많은 시간을 수학에 빼앗기는 현실을 아까워 했다. 보통의 금속을 금으로 바꾸는 '현자의 돌'을 믿어 그것을 찾는데 많은 시간을 소비했다. 다른 연금술사처럼 그가 성공할 수 없었다는 것은 자명한 일이다.

그를 연금술에 몰두하게 한 것은 무엇이었을까? 뉴턴은 꼭 금을 만들어 돈을 많이 벌겠다는 의도는 아니었을 것이다. 아마도 뉴턴은 가장 작은 입자에서부터 가장 큰 별에 이르기까지 모든 물질의 근원적인 성질에 대해 궁금해 했다. 자연철학자는 이러한 모든 것을 알고 있어야 된다고 생각했을 것이다.

뿐만 아니라 뉴턴은 신학에 대해서 100만 단어 이상의 저술을 남겼다. 1733년, 뉴턴 사후 출판된『다니엘서와 요한묵시록의 예언에 관한 고찰 *Observations Upon the Prophecies of Daniel and the Apocalypse of St. John*』등이 그것이다. 그러나 이러한 저서들은 뉴턴의 과학적 명성을 떨어뜨리는 것이라 생각되어 뉴턴 사후에 일부는 감추어졌고 일부는 없어졌다.

뉴턴이 사망한 지 200여 년이 지난 다음에, 케인즈 경제학의 창시자였던 케인즈(J. M. Keynes, 1883~1946)에 의해 뉴턴의 연금술과 신학에 관한 많은 문서가 확인되었다. 그 내용은 삼위일체설을 부정하고 아리우스파(Ariusian)의 견해를 지지하는 것, 우주의 신비를 성경 속에서 찾으려는 시도, 연금술, 불노불사의 영약 등에 관한 것들이었다.

뉴턴의 업적을 단순히 양적으로 평가한다면 그는 근대 과학을 완성한 과학자라기보다 최후의 마술사라고 부르는 편이 나을 정도다. 그렇기에 그의 논적이었던 독일의 라이프니츠는 뉴턴이 한 걸음만 더 갔으면 무신론자가 되었을 것이라고 평가했다. 케인즈도 "뉴턴은 이성의 시대를 개척한 사람이 아니었다. 바로 그는 최후의 마술사였다"고 했다.

프린키피아와 뉴턴 과학

『프린키피아』는 어려운 기하학적인 방법을 사용하여 서술되었다. 더구나 라틴어로 쓰여졌기에 일반인이 이해하기는 상당히 어려웠다. 또한 당시 유럽에서는 데카르트(R. Descartes, 1596~1650)의 기계론적 철학의 영향으로 모든 현상을 접촉된 힘과 기계적 운동으로 설명하려고 했었다. 이러한 분위기에서 접촉하지 않고 작용하는 '인력'이라는 개념은 당시 학자들로서는 이해하기 어려웠다. 그럼에도 불구하고 이 책은 출판과 동시에 뉴턴의 이름을 전 유럽에 알렸고 여러 학자들로부터 주목을 받았다.

뉴턴은 창조적 휴가 시절에 이미 케플러의 타원운동의 법칙을 수학적으로 증명했었다. 그때 뉴턴은 거리의 제곱에 반비례하는 힘이 있다고 가정하여 타원 궤도를 유도해냈다. 다시 이 문제가 떠오른 것은 핼리와의 대화 덕분이었다. 그러나 예전에 계산한 것을 찾을 수가 없었다. 그래서 그는 이러한 관계식을 다시 증명한다고 약속한 후에 이를 종합한 것이 바로 『프린키피아』다.

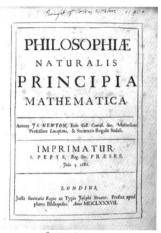

『프린키피아』 표지.

『프린키피아』는 3권으로 나누어져 있다. 제1권에서는 진공 속에서 물체 입자의 운동을 수학적으로 설명했다. 여기서 여러 종류의 가능한 힘들을 수학적인 형태로 가정하고 그런 힘에 의한 운동을 수학적으로 추론하고 있다.

제2권은 저항이 있는 공간에서 물체 입자의 운동을 다루었다. 이 부분은 데카르트의 『철학의 원리 *Principia Philosophiae*』를 비판하기 위해서 쓰여진 것으로 유체역학에 해당한다. 데카르트는 우주를 물질로 가득한 물질 공간이며, 소용돌이로 이루어졌다고 주장했는데, 이것을 반격하기 위한 것이었다.

제3권은 '우주의 체계―그 수학적 취급'이라는 부제가 붙은 부분으로서 천체 역학을 다루었다. 그는 케플러의 법칙을 '법칙'이란 말 대신에 경험적인 규칙성을 뜻하는 '현상'이라

불렀다. 이 부분에서 뉴턴은 제1권에서의 수학적 방법을 이용하고 거리의 제곱에 반비례하는 힘을 가정해서 수학적인 방법을 통해 케플러의 법칙들을 유도해냈다. 이러한 과정은 행성뿐만 아니라 위성들의 관측 결과도 일치하는 것으로 천문학 혁명과 역학 혁명의 완성을 의미한다.

전 유럽에 걸쳐 뉴턴의 명성이 높아지자 이를 시기하는 사람들도 생겨났다. 이러한 상황은 뉴턴에게 커다란 상처를 주었다. 젊은 시절 훅과의 논쟁에서 이미 골치를 앓았던 뉴턴은 차라리 (자연)철학자는 자기 생각을 드러내지 말고 가슴 속 깊이 가두어 두는 편이 낫다고 생각했다. 더구나 『프린키피아』를 출간한 지 얼마 지나지 않아 매우 중요한 노트의 일부분을 불에 태운 우발적인 사건까지 있었다. 이후 뉴턴은 심한 편집증과 광기의 늪에서 헤어나지 못했다.

다행히 운명은 그를 케임브리지의 교수 생활에서 벗어날 수 있는 전환점을 마련해 주었다. 1689년 뉴턴은 대학 대표로서 하원의원으로 피선된 것이었다. 그는 하원의원으로서 가끔 런던에 머무를 수 있었다. 그곳에서 로크(J. Locke, 1632~1704)와 사귀면서 신학적인 문제나 연금술 등을 의논하면서 많은 시간을 같이 보냈다.

1696년 뉴턴의 제자인 몬테규(C. Montague, 1661~1715 ; 나중에 핼리팩스 백작 Earl of Halifax)가 재무장관이 되자 뉴턴은 공직 자리를 부탁했다. 일종의 도피 행각이었다. 이 요청이 받아들여져 뉴턴은 조폐국 감사로 변신했다. 그로부터 3년 후인 1699

년에 조폐국장으로 승진한 뉴턴은 맡은 바 임무를 성실히 수행했다. 이제 완전히 과학이나 수학과 인연을 끊은 셈이었다.

그러나 뉴턴은 다시 학문의 영역으로 금의환향한다. 1703년 최고의 영예라 할 수 있는 왕립학회의 장이 된 것이었다. 그에게 더 이상의 승진은 기대할 바가 못 되었다. 다만 신분이 아직 귀족이 아닌 것이 문제였을 뿐이었다.

1703년 그의 논적이었던 혹이 죽었다. 이듬해 뉴턴은 『광학』을 출판했다. 이 책은 그의 과학적 재능을 확고부동한 것으로 만들었다. 영국의 최대 과학자가 평민인 것을 안 당시 앤 여왕은 다음 해인 1705년에 케임브리지 트리니티 칼리지를 방문하여 뉴턴에게 기사의 칭호를 주었다. 이제 그는 귀족이 되었다.

1711년 뉴턴은 미적분에 관한 저서인 『해석 *Analysis*』을 출간했다. 그러나 이 책의 출판이 계기가 되어 라이프니츠와 뉴턴 중 누가 먼저 미적분을 발견했는지에 대한 논쟁이 벌어졌다. 두 사람의 미적분 논쟁은 과학사상 가장 격렬하고 긴 시간에 걸쳐서 진행되었다. 재미있는 것은 싸움의 시작이 당사자가 아니라 그들의 추종자들에 의해서 일어난 것이다.

뉴턴이 미적분에 힌트를 얻은 것은 창조적 휴가 기간이었다. 그러나 그의 미적분학 체계 전체가 공식으로 발표된 것은 70년이나 지난 다음인 1736년의 일이었다.

한편, 라이프니츠는 1684년 자신이 발견한 미분의 방법을 공표했다. 이 무렵 두 사람의 사이는 매우 좋았다. 논쟁의 불씨가 생긴 것은 1699년 스위스 출신 수학자 듀일리에(F. de Duillier, 1664~1753)가 왕립학회에서 발표한 논문 때문이었다. 그 논문에서 듀이에는 라이프니츠의 미적분이 뉴턴의 이론을 도용한 것이라고 주장했다.

이에 라이프니츠는 즉각 항의했다. 1705년 그는 은근히 뉴턴이야말로 자신의 방법을 도용했다는 요지의 글을 발표했다. 이번에는 옥스퍼드 대학의 케일(J. Keill, 1671~1721)이 화가 나서 라이프니츠야말로 도용자라고 강경한 어조로 비난했다. 라이프니츠는 왕립학회에 케일의 발언을 취소시키라고 제소했다. 묘하게도 당시의 왕립학회장이 바로 뉴턴이었다. 뉴턴은 곧바로 조사위원회를 조직했다.

1715년에 발표한 결론은 물을 보듯 뻔한 답이었다. "뉴턴이야말로 미적분의 최초 발명자"라는 것이다. 두 사람의 논쟁은 이후에도 계속되었고, 결국 독일과 영국 사이의 국민감정의 다툼으로 확대되고 말았다.

오늘날은 미적분에 대해서는 두 사람이 각각 독립적으로 발견했다고 평가한다. 다만 발견은 뉴턴이 조금 빨랐으나, 발표는 라이프니츠가 빨랐다는 것이 통설이다.

1727년 뉴턴은 85세의 나이로 세상을 떠났다. 조산아였던 뉴턴이 생각과는 달리 장수한 셈이었다. 근대 과학을 완성한 사람임에도 불구하고 그는 겸손하게 다음과 같이 자기 자신을 평가했다.

"내가 이 세상에 어떻게 비칠지 모른다. 그러나 내 눈에 비친 나는 밝혀지지 않은 진리의 큰 바다가 눈앞에 가로놓인 해안에서 장난을 치며 조약돌이나 조개를 줍고 좋아하는 어린아이처럼 생각된다."

뉴턴은 영국의 왕이나 위대한 정치가들이 묻힌 웨스트민스터 대사원에 왕족 못지않은 정중한 예를 갖춰 안치되었다. 그의 무덤에 있는 비석은 라틴어로 비문이 새겨져 있다.

"여기에 아이작 뉴턴 경이 잠들다.
경은 신기에 비견할 정신의 힘으로, 수학적 방법을 이용해서 비로소 행성의 운동과 형태, 행성의 궤도와 바다의 조석을 밝혔다.
일찍이 아무도 상상하지 못한 광선의 차이와 거기서 나타나는 색의 특이성을 알아낸 것도 뉴턴 경이었다.
자연과 성서에 대해 근면하고 명철하며 충실한 해석자인 경은 자신의 철학에서 전능한 창조주의 힘을 찬양했다.
복음서에 의해 얻을 수 있는 순박함을 경은 생애를 다해 보여주었다.
저승에 있는 사람들은 이 같은 인류의 자랑이 그들 사이로 들어오게 됨을 기뻐할 것이다.
1642년 12월 25일에 태어나 1727년 3월 20일에 잠들다."

18세기에 완성된 뉴턴 과학은 과학이 수학적이고 합리적이며 경험적이라는 인식을 가져왔다. 그리고 가설이나 독단을 사용하지 않는다는 생각은 철학적이거나 형이상학적인 논의를 과학으로부터 배격할 수 있었다. 또한 인간의 능력에 대한 믿음은 특별한 방해가 없는 한, 사회는 발전한다는 낙관론을 가져왔다. 이러한 생각들은 계몽사조에 크게 기여했다. 뉴턴 과학은 근대 과학의 기초가 되었으며 과학의 방법이나 내용 및 제도 등, 과학이 사회 내에서 차지한 위치를 그 이전 시대와 다르게 만들었다. 코페르니쿠스가 시작한 천문학 혁명, 갈릴레오가 시작하여 거의 완성했던 역학 혁명은 위대한 뉴턴의 종합으로 완결되었다.

천문학 탐구자들

초판발행 2003년 10월 15일 ┃ 3쇄발행 2008년 12월 25일
지은이 이면우
펴낸이 심만수 ┃ 펴낸곳 (주)살림출판사
출판등록 1989년 11월 1일 제9-210호

주소 413-756 경기도 파주시 교하읍 문발리 파주출판도시 522-2
전화번호 영업·(031)955-1350   기획편집·(031)955-1357
팩스 (031)955-1355
이메일 book@sallimbooks.com
홈페이지 http://www.sallimbooks.com

ISBN 89-522-0141-8 04080
      89-522-0096-9 04080 (세트)

값 9,800원